U0193184

法

经

烘

式

典

焙

LES GRANDS CLASSIQUES
SUCRÉS

法式经典烘焙

（法）弗朗索瓦丝·贝尔纳◎著

刘佳◎译

化学工业出版社

·北京·

内容简介

弗朗索瓦丝·贝尔纳出版的美食书在法国畅销50年，她的著作累计销售400万册。

弗朗索瓦丝·贝尔纳被法国媒体称为家庭厨房中的偶像。对于今天的法国读者来说，弗朗索瓦丝·贝尔纳的食谱代表着经典的法式美食。

本书收录了150余道法式经典烘焙配方。分别是酥挞、派和馅饼类；奶油和鸡蛋类；蛋糕、舒芙蕾和布丁类；水果甜点类；饼干和小糕点类；节日甜点和饮品类；巧克力类。烘焙配方使用的材料常见，制作过程清晰明了不复杂。每道甜点都有制作难度、料理花费、制作时间、用餐人数的参考，还有作者的私房厨话。其中，节日甜点中收录的国王饼、可丽饼和圣诞栗子味巧克力树干等均为法国各地不同节日的知名甜点，极具文化特色和传统特色。

无论是烘焙新手，还是有经验的烘焙达人，都能跟着法国殿堂级的美食家做出经典法式烘焙。

Les Grands Classiques sucrés © 2012, HACHETTELIVRE(Hachette Pratique)., Paris

Text by Françoise Bernard

Simplified Chinese edition arranged through Dakai Agency Ltd.

Simplified Chinese Character translation rights © 2018 by CHEMICAL INDUSTRIAL PRESS.

本书中文简体字版由 HACHETTELIVRE(Hachette Pratique). 授取化学工业出版社独家出版发行。未经许可，不得以任何方式复制或抄袭本书的任何部分，违者必究。

北京市版权局著作权合同登记号：01-2018-3707

图书在版编目（CIP）数据

法式经典烘焙／（法）弗朗索瓦丝·贝尔纳著；刘佳译. —北京：化学工业出版社，2020.8
ISBN 978-7-122-37231-4

Ⅰ.①法… Ⅱ.①弗… ②刘… Ⅲ.①烘焙－糕点加工 Ⅳ.①TS213.2

中国版本图书馆 CIP 数据核字（2020）第 104004 号

责任编辑：马冰初	文字编辑：王 雪
责任校对：赵懿桐	美术编辑：尹琳琳

出版发行：化学工业出版社（北京市东城区青年湖南街 13 号　邮政编码 100011）
印　　装：北京宝隆世纪印刷有限公司
889mm×1194mm　1/32　印张8　字数300千字　2021年1月北京第1版第1次印刷

购书咨询：010-64518888　　　　　　售后服务：010-64518899
网　　址：http://www.cip.com.cn
凡购买本书，如有缺损质量问题，本社销售中心负责调换。

定　价：88.00元

作者的话

多年来，
我一直在试着教大家成功做出我自己喜爱的美食。
很多人和我一样，
在童年时代就品尝过这些美味的菜肴。

我有一些做法简单的菜谱，
它们很久之前就深受人们欢迎并让我引以为傲。
现在，我决定把它们整理出来。
为了更适应如今的生活，
我也做了一定程度的改进。

我还为很多菜谱配加了清晰易懂的"私房厨话"，
里面的一些小诀窍可保证您每次都能成功。

现在，轮到您来大显身手啦！

弗朗索瓦丝·贝尔纳

Françoise Bernard

目录
contents

Chapter · 01

酥挞、派和馅饼类

第一章 ╳ ╳ ╳

Chapter · 02

奶油和鸡蛋类

✕ ✕ ✕ 　　　　第二章

Chapter · 03

蛋糕、舒芙蕾和布丁类

════ 第三章 ════ ✕ ✕ ✕

Chapter · 04
水果甜点类

✕ ✕ ✕ 第四章

第四章 ✕✕✕

Chapter · 05

饼干和小糕点类

第五章 ✕✕✕

Chapter · 06

节日甜点和饮品类

××× 第六章

━━━━━ ⌒✿ 第六章 ✿⌒ ━━━━━ ✕✕✕

Chapter · 07

巧克力类

━━━━━ ⌒✿ 第七章 ✿⌒ ━━━━━ ✕✕✕

法式经典烘焙

chapter·01

第一章

酥挞、派和馅饼类

巧克力馅杏仁酥挞

❖制作难度：有一定难度 ❖料理花费：不太贵 ❖杏仁粉团冷藏时间：30分钟
❖制作时间：1小时15分钟 ❖用餐人数：6人

挞皮配料
180克杏仁粉
60克糖粉
1个蛋黄

馅料
150克特醇黑巧克力
75克黄油
3个鸡蛋（分离蛋黄和蛋白）

60克糖粉

奶油花配料
150～200毫升鲜奶油（冷藏）
7.5克香草味砂糖

特殊用具
1个直径24厘米的底板分离式模具

1 把杏仁粉、糖粉和蛋黄放入碗中，用手慢慢混合均匀，做成杏仁粉团，放入冰箱冷藏30分钟。

2 将烤箱预热到130℃。用黄油把模具的内壁和底板擦一遍，将冷藏好的杏仁粉团放在模具中央，用手背将其摊开并压平整，再用手指将挞皮的边缘拉起来，使其与模具内壁贴合。

3 放入烤箱烤制30～35分钟后取出。待挞皮彻底冷却下来，放入大号平底盘中，慢慢脱模。把特醇黑巧克力掰碎，隔水加热，待其变软后关火，依次加入黄油、蛋黄和部分糖粉，混合均匀，放入冰箱冷藏。

4 将蛋白打发成黏稠泡沫，再加一汤勺糖粉，令泡沫更为细腻稳定。把打好的蛋白轻缓地拌入冷藏后的巧克力馅中，混合均匀后把馅料填入烤好的挞皮中，放回冰箱冷藏。

5 用打蛋器将冷藏过的鲜奶油打发起泡。当泡沫可以稳固地附在搅拌头上时即停止搅打，加入香草味砂糖并拌匀，用小勺一小团一小团地舀出，轻轻地摆放在酥挞表面即可上桌。

菠萝酥挞

❖ 制作难度：有一定难度 ❖ 料理花费：比较贵 ❖ 面团冷藏时间：1小时
❖ 制作时间：45分钟 ❖ 用餐人数：4人

挞皮配料（或1卷成品油酥面坯）
150克面粉
1个蛋黄
75克黄油
75克糖粉
少许盐

奶油酱（即卡仕达酱）配料
250毫升牛奶
75克糖粉
2个蛋黄
30克面粉

2汤勺樱桃烧酒
少许盐

馅料
5片菠萝罐头

装饰配料
适量糖渍樱桃或覆盆子果冻

特殊用具
1个直径20～22厘米的挞模

1 将面粉倒在一块大的案板上，用手在中间挖个坑，在坑里依次放入蛋黄、盐、软化后的黄油和糖粉。先把黄油和糖粉混合均匀，再和蛋黄与盐拌匀，最后和面粉混合搓揉成团。把揉好的面团在阴凉处放置1小时。

2 把烤箱下层的烤架预热200℃。将面团擀开，铺在挞模中，使其与挞模内壁紧密贴合，用叉子在挞皮上扎些小洞（要扎透）。取一张白纸，剪成圆形，面积要比挞模大一些，将纸边向上卷起来，把纸放在挞皮上，这样挞皮边缘在烤制过程中依然可以贴合在挞模内壁上。将做好的酥挞饼坯放入烤箱烤制15～20分钟，取出后晾凉，脱下挞模。

3 在大号平底锅中倒入牛奶，加少许盐，开火煮至沸腾。将糖粉和蛋黄放入大碗中，用打蛋器打至颜色发白。在大碗中加入面粉，再把煮开的牛奶慢慢倒进去，拌匀后倒回锅中，开小火加热，用木勺不停搅动，使奶浆变得黏稠。煮的过程中要避免煳锅。沸腾后稍等片刻，加入樱桃烧酒，搅匀后关火。

4 把煮好的奶油酱在烤好的酥挞皮上摊开，将每片菠萝沿水平方向剖为两片，再等分切成四瓣，放在奶油酱上，加些糖渍樱桃作为装饰，或将覆盆子果冻用小火加热，待其微微熔化后，浇在酥挞上。

私房
厨话
- 可用香草荚或香草味砂糖替代樱桃烧酒。
- 如果鸡蛋很小，蛋黄量少，面团会比较硬，可在和面时加一小勺清水或牛奶。

苹果馅饼

❖制作难度：简单　❖料理花费：便宜
❖制作时间：1小时30分钟　❖用餐人数：4人

挞皮配料（或1卷成品水油酥面坯）
150克面粉
75克黄油（切小块）
半咖啡勺盐

馅料
1千克苹果
适量白砂糖

特殊用具
1个直径约20厘米的挞模

1 用手把面粉、盐和黄油混合起来，用手掌反复按压并搓揉成团，加入半杯清水，继续用力按揉，之后把面团按扁，再揉成团。反复三次之后，用擀面杖擀成比较薄的挞皮，铺入挞模中。

2 把烤箱预热到200℃。苹果去皮后切成薄片，叠放在挞皮上，放入烤箱中层烤30分钟。烤好后取出，拿掉挞模，把苹果酥挞放在网架上晾凉，在表面撒满白砂糖即可食用。

私房厨话

- 如果面团太硬，说明按揉得过久或者水加得不够多。
- 如果擀面团的时候容易裂开，说明加水量不够，需要喷上些水再继续擀。但一定要抓紧擀，否则面团会变硬。
- 如果挞皮边缘在烤制过程中垂落下去，说明挞皮太软（可能是加水过多或黄油太软），也可能是因为烤箱温度不够高或者挞皮边缘与挞模贴合得不好。
- 烤好的酥挞入口酥松，底面应呈金黄色。

核桃酥挞配奶油

❖制作难度：简单　❖料理花费：比较贵

❖制作时间：1小时　❖用餐人数：4人

1卷水油酥面坯
250克核桃仁
70克黄油（室温软化）
80克糖粉
3个鸡蛋
180克蜂蜜

奶油馅配料
200毫升鲜奶油（冷藏）
20克白砂糖
4克香草味砂糖

1　烤箱预热到200℃。挑选十几颗完整的核桃仁待用，其余的用大号厨刀切碎。

2　用电动打蛋器把黄油和糖粉在碗中搅打均匀，当黄油颜色变白后，向碗中加入鸡蛋和蜂蜜，继续搅打2分钟，加入切碎的核桃仁，拌匀，涂在水油酥面坯表面，再放上完整的核桃仁，放到烤箱中层烤制10分钟，再把烤箱温度降到170℃，继续烤30~40分钟。取出后，用厨刀在酥挞中部扎进去，如果取出后的刀刃是干爽的，就说明已经烤好了，否则还要继续烤制片刻。

3　利用烤制酥挞的时间来制作奶油馅：在冷藏过的鲜奶油中加入白砂糖，用电动打蛋器打发起泡，当泡沫可以稳固地附在搅拌头上时即停止搅打，加入香草味砂糖并轻轻拌匀。

4　把烤好的酥挞从烤箱中取出，彻底晾凉后，和奶油馅一起上桌。也可用小勺或裱花袋把奶油馅涂在酥挞表面。

肉桂核桃酥挞

❖制作难度：简单　❖料理花费：不太贵　❖面团醒发时间：1小时
❖制作时间：1小时　❖用餐人数：4人

挞皮配料（或1卷成品油酥面坯）
150克面粉
75克糖粉
半咖啡勺肉桂粉
75克黄油（软化，切小块）
2个蛋黄（或1个鸡蛋）
少许盐

馅料
150～200克去掉衣膜的核桃仁

150毫升鲜奶油
45克糖粉
1咖啡勺肉桂粉

奶油涂层配料
1个蛋白
40克糖粉
2汤勺樱桃烧酒

1　在模具中倒入面粉、肉桂粉、糖粉、盐，再一小块一小块地加入软化后的黄油，用手掌混合均匀，再按压成团。当面团变得像细沙聚成的小团时，立刻加入蛋黄（或1个鸡蛋）并按揉均匀，但不要过于用力，否则面团会变得很硬，烤出来的口感也就不会有酥松感了。当面团不再黏手时，擀成5毫米厚的挞皮。

2　将模具用黄油擦一遍，铺入挞皮，用叉子扎些小眼（要扎透），放入冰箱冷藏1小时。挑出10粒核桃仁用作装饰，把其余的捣碎。

3　烤箱预热到200℃。将鲜奶油、糖粉、核桃仁碎和肉桂粉在大碗中拌匀，制成馅料。取出冷藏好的挞皮，放入馅料并铺匀，烤制35～40分钟后取出，把完整的核桃仁在酥挞上摆成一圈。

4　用木勺将蛋白、糖粉和樱桃烧酒用力搅匀，直到颜色发白为止，在酥挞表面上涂一薄层。当酥挞冷却后即可。

杏子千层挞

❖制作难度：难　❖料理花费：不太贵
❖制作时间：2小时　❖用餐人数：4人

500克杏　　　　　　　　　　　　　175克黄油
1～2汤勺糖粉　　　　　　　　　　 半咖啡勺盐

挞皮配料（或1卷成品千层酥面坯）　　**特殊用具**
250克面粉　　　　　　　　　　　　1个直径20～22厘米的挞模

1　把面粉倒在案板上，在中间挖一个大坑，放入盐和3/4杯清水，轻轻和面，用手掌按扁，再揉成团，再按扁即可。不要反复按揉，以免面团产生弹性。如果有时间，最好把面团在凉爽处放置15分钟。

2　用木勺用力搅拌黄油，使其具有和面团相似的软硬度。在案板和擀面杖上都撒上适量面粉，把面团放到案板上，用手掌按扁，在中间放上黄油，把面皮四角向中间叠起来，把黄油严密地包在中间，擀成宽度均匀的长条，之后折为三折，再擀成宽度均匀的长条，然后再折三折，在凉爽处放置10～15分钟。像刚才那样重复两次"擀成长条、折三折"，放置10～15分钟，再重复两次"擀成长条、折三折"即可。

3　将烤箱预热到230℃。把杏对半切开，去核。把面团擀成扁平的挞皮，铺到挞模里，放上杏肉（不用去皮），放入烤箱烤制30分钟。烤好后取出并立刻脱模（最好放在网架上），趁热撒上糖粉即可。

白乳酪酥挞

❖ 制作难度：简单　❖ 料理花费：便宜

❖ 制作时间：1 小时　❖ 用餐人数：6 人

挞皮配料（或1卷成品水油酥面坯）

150克面粉

75克黄油（切小块）

半咖啡勺盐

馅料

200克白乳酪

75毫升鲜奶油

2个鸡蛋

40克白砂糖

50克葡萄干（用温水泡软）

2汤勺土豆淀粉（或玉米淀粉）

500毫升牛奶

特殊用具

1个直径20～22厘米的挞模

1 把面粉、盐和黄油混合起来，用手掌反复按压并搓揉成团，加入半杯清水，继续用力按揉，之后把面团按扁，再揉成团。反复三次即可。

2 把烤箱预热到200℃。

3 用擀面杖把面团擀成2毫米厚的挞皮，铺入挞模。用叉子在挞皮上扎一些透气的小洞。取一张白纸，剪成圆形，面积要比挞模大一些，将纸边向上卷起来，把纸片放在挞皮上，这样挞皮的边缘在烤制过程中依然可以贴合在挞模内壁上。放入烤箱烤制5～10分钟。

4 将白乳酪、鲜奶油、鸡蛋、白砂糖和葡萄干在一起搅打均匀。将土豆淀粉（或玉米淀粉）用牛奶冲开并拌匀，加入到乳酪馅料中，再次拌匀。

5 把烤到半熟的酥挞取出，揭掉上面的纸，填入馅料，放回烤箱继续烤制30分钟即可。

覆盆子果酱酥挞

❖ 制作难度：有点难 ❖ 料理花费：不太贵
❖ 制作时间：1小时 ❖ 用餐人数：4人

挞皮配料（或1卷成品油酥面坯）
150克面粉
75克白砂糖
75克黄油（切小块）
2个蛋黄
少许盐

馅料
400克覆盆子（要挑选比较硬的）
1罐覆盆子果酱

2汤勺樱桃烧酒

覆盆子香缇奶油配料
200克覆盆子
1个柠檬（取汁）
125克白砂糖
250毫升鲜奶油（冷藏）

特殊用具
1个直径20～22厘米的挞模

1　用手指尖把蛋黄、盐和白砂糖混合拌匀，加入面粉和黄油，用手掌反复搓揉，再按揉成团，在凉爽处放置片刻。把烤箱预热到170℃。

2　用擀面杖把面团擀成5毫米厚的挞皮，铺入挞模中。用叉子在挞皮上扎一些透气的小洞。取一张白纸，剪成圆形，面积要比挞模大一些，将纸边向上卷起来，把纸片放在挞皮上，这样挞皮的边缘在烤制过程中依然可以贴合在挞模内壁上。放入烤箱烤制20分钟。

3　制作覆盆子香缇奶油：将覆盆子、柠檬汁和白砂糖用料理机打成果泥，如果有必要，用筛子过滤掉籽粒。把鲜奶油用电动打蛋器打发出大量泡沫，成霜状，加入覆盆子果泥并轻柔地拌匀。

4　把覆盆子奶油填入冷却后的酥挞，在表面放上覆盆子，放入冰箱冷藏1～2小时。把覆盆子果酱和樱桃烧酒倒入小锅中，开文火加热，待果酱稀释开即可，缓慢地倒在酥挞上，放回冰箱继续冷藏1小时。

柠檬蛋白脆饼酥挞

❖制作难度：简单　❖料理花费：不太贵
❖制作时间：1小时　❖用餐人数：4人

挞皮配料（或1卷成品水油酥面坯）
150克面粉
75克黄油（切小块）
半咖啡勺盐

柠檬奶油配料
1个鸡蛋
少许盐
1个柠檬
100克白砂糖

40克黄油（室温软化）

蛋白脆饼配料
2个蛋白
少许盐
60克白砂糖

特殊用具
1个直径20～22厘米的挞模

1　将柠檬皮刨成屑，柠檬果肉榨成汁。把面粉、盐、一半柠檬皮屑、黄油搓揉到一起，加入半杯清水，按揉成团，用手掌压扁，再按揉成团，这样反复三次，放在凉爽的地方让面团醒发一会儿。利用这段时间将烤箱预热到200℃。

2　把面团擀成挞皮，铺入挞模中，用叉子在挞皮上扎一些透气的小洞。把鸡蛋、白砂糖和少量盐放入大碗中，搅打5分钟，加入另一半柠檬皮屑、柠檬汁和黄油，拌匀后涂在挞皮上，放入烤箱烤制20分钟。

3　在蛋白中加入少量盐，打发成质地坚挺的蛋白霜。慢慢地把白砂糖加到蛋白霜里拌匀，舀出来后放在烤好的酥挞上，再放回烤箱。把烤箱温度调低到130℃，继续烤制10～15分钟，直到表面的蛋白霜变成金黄色即可。

**私房
厨话**
• 只取柠檬最外面的黄色表皮刨屑。
• 打发蛋白霜之前，要提前把鸡蛋（或蛋白）从冰箱里取出。如果蛋白温度太低，会很难打发。

香蕉酥挞

❖制作难度：简单　❖料理花费：不太贵
❖制作时间：1小时　❖用餐人数：6人

挞皮配料（或1卷成品鸡蛋水油酥面坯）
200克面粉
1个鸡蛋
100克黄油（切小块）
半咖啡勺盐

馅料
4根香蕉（要挑选比较硬的）
1个柠檬（取汁）

2汤勺杏果酱

糖浆配料
100克白砂糖
4汤勺朗姆酒

特殊用具
1个直径22厘米的挞模

1　制作挞皮：把面粉、盐、黄油搓揉到一起，加入鸡蛋和半杯清水，按揉成团，用手掌压扁，再按揉成团，这样反复三次，在凉爽处放置片刻。将烤箱预热到200℃。

2　把面团擀成2毫米厚的挞皮，铺入挞模，用叉子在面皮上扎一些透气的小洞。取一张白纸，剪成圆形，面积要比挞模大一些，将纸边向上卷起来，把纸片放在挞皮上，这样挞皮的边缘在烤制过程中依然可以贴合在挞模内壁上。放入烤箱烤制20分钟。

3　制作糖浆：把白砂糖放入小锅中，加100毫升清水，开火煮沸后即可关火，加入朗姆酒。

4　香蕉去皮切成1厘米厚的圆片，放入碗中浇上柠檬汁以防止变色。香蕉片放入糖浆中，煮沸后再用小火继续煮5分钟，不要搅拌。

5　把杏果酱倒入另一个小锅中，开文火，用电动打蛋器打散，在烤好的挞皮上涂一薄层。把煮熟的香蕉片沥干，在浇了杏果酱的挞皮上铺平，再浇上余下的杏果酱，晾凉后即可食用。

西梅酥挞

❖制作难度：简单　❖料理花费：贵
❖制作时间：1小时　❖用餐人数：4人

250克水油酥面坯
300~400克西梅干
1杯杏果酱
适量黄油

特殊用具
一个直径约22厘米的挞模

1　提前一天把西梅干放入大碗中，倒入温水，水量刚好没过西梅干即可，浸泡一整夜。

2　参照前文的方法用水油酥面坯制作挞皮。

3　次日，把泡好的西梅去掉核。烤箱预热到200℃。把挞皮在涂过黄油的挞模中铺好，放上西梅肉并用手按扁，让西梅肉之间没有空隙。放入烤箱烤制30~35分钟。

4　把杏果酱倒入小锅中，加1汤勺清水，开文火，用打蛋器搅打，当果酱变得黏稠后，用小刷子蘸取适量果酱，涂抹在刚烤好的酥挞上即可。

私房
厨话
　　• 刷过果酱的酥挞会闪闪发亮！

草莓酥挞

❖制作难度：有点难　❖料理花费：不太贵　❖制作时间：1小时
❖面团醒发时间：1小时　❖用餐人数：4人

挞皮配料
125克面粉
60克白砂糖
60克黄油
1个蛋黄
少许盐

馅料
400克草莓
3~4汤勺覆盆子果冻

特殊用具
6~8个小号挞模

1 把面粉倒在案板上，在中间挖一个大坑，里面并排放入蛋黄、盐、黄油和白砂糖。先用手把黄油和白砂糖混合起来，再拌入盐和蛋黄，最后同面粉揉到一起。把揉好的面团在凉爽处醒发1小时。

2 烤箱预热到170℃。把面团擀成5毫米厚的挞皮，分装入挞模，用叉子在挞皮上扎些小洞（要扎透），烤10~15分钟，取出，待彻底晾凉再脱模。

3 把草莓冲洗干净，沥干水分，去掉蒂部，逐颗紧挨着放在烤好的酥挞皮上；把覆盆子果冻倒入小锅中，加1汤勺清水，开文火加热并拌匀，用刷子涂抹在酥挞表面的草莓上即可。

私房厨话
• 此方法也可以制作覆盆子酥挞。

柚子酥挞

❖ 制作难度：简单　❖ 料理花费：不太贵
❖ 制作时间：1小时　❖ 用餐人数：6人

挞皮配料（或1卷成品水油酥面坯）
200克面粉
1个鸡蛋
100克黄油（切小块）
半咖啡勺盐

奶油馅料
2个鸡蛋

1个柚子
200克白砂糖
75克黄油

配料
1个柚子
250克白砂糖

1　把面粉、盐、黄油搓揉到一起，加入鸡蛋和半杯清水，用力按揉成团，然后用手掌压扁，再按揉成团，这样反复三次，放入挞模中并摊开，在凉爽处放置片刻。利用这段时间将烤箱预热到200℃。

2　把1个柚子用冷水洗净并把表皮刷一遍；将柚子果肉榨汁，把柚子皮刨成屑待用。

3　把鸡蛋和白砂糖放入碗中，用电动打蛋器搅打成奶油状。把黄油放入小锅，开火，待黄油熔化后，倒入打好的鸡蛋里，加入柚子汁和一小勺柚子皮屑，拌匀成奶油馅，铺在挞皮上，放入烤箱烤制35分钟左右。

4　另取1个柚子，沿横向切成薄片。在大号平底锅中放入1升清水，加入白砂糖，开火，不要盖锅盖，煮沸后继续煮2分钟，待糖汁变得比较黏稠时，把柚子片并排放入锅中（如果锅不够大，可分两次放入），继续煮制，直到柚子皮变为半透明并且发出光泽。

5　把煮好的柚子片放到烤好的酥挞上（先不要脱模），放回烤箱继续烤几分钟，让柚子片表面结成焦糖。取出后晾至温热即可食用。

香料苹果酥挞

❖ 制作难度：简单　❖ 料理花费：不太贵
❖ 制作时间：1小时　❖ 用餐人数：6~7人

挞皮配料（也可用500克成品水油酥面坯或千层酥面坯替代）

300克面粉

1个鸡蛋

150克黄油（软化，切小块）

1咖啡勺盐

适量蛋黄和牛奶（装饰用）

馅料

600~700克苹果

30~35克白砂糖

1咖啡勺肉桂粉

半咖啡勺姜粉

半咖啡勺肉豆蔻（磨碎）

40克黄油（切小块）

其他材料

适量铝箔纸

1　把面粉、鸡蛋、盐和一半软化好的黄油放入大碗中，搓揉成面团，当面团变成粗砂状时，加入余下的黄油继续搓揉，按揉成团，盖上潮湿的布，在阴凉处放置一会儿。把烤箱预热到230℃。

2　苹果去皮后切成片，放入烤盘，撒上白砂糖、肉桂粉、姜粉和肉豆蔻碎，拌匀并铺平，放上小块黄油。

3　把面团擀成比烤盘面积大一些的挞皮，把挞皮割开一些口子。在烤盘边缘刷点水，把挞皮铺在馅料上，把挞皮边缘与烤盘四周粘牢。在蛋黄中加入少量牛奶，搅打均匀，用刷子刷在挞皮表面。

4　在挞皮中央挖一个小洞，将铝箔纸卷成一个小卷，插进小洞里，放入烤箱烤制20分钟，把温度降低到200℃，继续烤制20分钟即可。烤好后取出，拿掉铝箔纸卷，晾至温热即可食用，亦可冷食。

私房厨话

• 也可用电动面团搅拌机来制备面坯。

苹果酥挞

❖制作难度：简单　❖料理花费：不太贵

❖制作时间：45分钟　❖用餐人数：4人

80克白砂糖

50克黄油（切小块）

7个苹果

300克水油酥面坯（或千层酥面坯）

少许鲜奶油

特殊用具

1个直径20厘米的圆形深口蛋糕模具
（舒芙蕾烤皿或曼克蛋糕模具）

1　在模具中撒入白砂糖和黄油。苹果去皮，对半切开，去核，紧挨着并排放在模具内，让带皮的一面朝下。

2　开文火，把模具放在火上，待黄油开始熔化，调至中火，当糖汁变色并开始冒小泡时，用勺子把苹果块轻轻压扁，注意不要让糖汁变黑。大约20分钟后，糖汁越来越多，苹果也变成了金黄色并发出光泽，关火晾凉。

3　把面坯擀至2毫米厚、尺寸略大于模具的大小，铺在苹果上。如果不立刻烤制，需要先放入冰箱冷藏待用。

4　开饭前，将烤箱预热到230℃。把模具放入烤箱中部，烤15分钟左右。取出后倒扣入盘中，稍微晾凉些后再食用。把鲜奶油盛入小碗中一同上桌。

私房厨话

• 苹果酥挞烤好后如果还未到用餐时间，可先用铝箔纸包起来保温。

甜点师奶油水果酥挞

❖制作难度：特别简单 ❖料理花费：不太贵
❖制作时间：25分钟 ❖用餐人数：10人

"甜点师奶油"配料
250毫升牛奶
40克白砂糖
4克香草味砂糖
2个蛋黄
25克面粉
少许盐

配料
适量新鲜水果或水果罐头（香蕉、菠萝、樱桃等）
10块小酥挞

1 把牛奶倒入锅中，加少许盐，煮沸；把白砂糖、香草味砂糖和蛋黄放入碗中，用电动打蛋器搅打，直到混合物颜色发白。慢慢倒入面粉，加入牛奶搅匀，倒回锅中，开火，用刮铲不停搅拌，直到奶油变得浓稠，煮沸片刻，关火晾凉。

2 上桌前，在每块小酥挞上抹1勺冷却下来的奶油，再根据个人口味摆放上各色水果或水果罐头即可。

私房
厨话

• 如果有香草荚，可以剖成两半，煮牛奶的时候加入。

奶油千层酥

❖ 制作难度：容易　　❖ 料理花费：不太贵
❖ 制作时间：1小时　　❖ 用餐人数：6人

适量水油酥面坯　　　　　　　　40克白糖
适量糖粉　　　　　　　　　　　2个蛋黄
　　　　　　　　　　　　　　　20克面粉

奶油馅料　　　　　　　　　　半杯烧酒（可不用）
250毫升牛奶　　　　　　　　　少许盐
4克香草味砂糖

1　制作奶油馅料：在牛奶中加入香草味砂糖和少许盐，开火煮沸。
　　煮的过程中，在大碗中放入蛋黄和白糖，用电动打蛋器打至颜色
　　发白，倒入面粉和煮好的牛奶并不停地搅拌。把搅拌好的奶浆倒
　　回煮牛奶的锅中，用文火再次加热，并用木勺继续搅拌。煮开后
　　继续煮2分钟，最后倒入烧酒。

2　烤箱预热到230℃。把水油酥面坯摊成2毫米厚度的面皮，切出两
　　块同样大小的三角形面皮；在烤盘里加少量水，把水倒掉，让烤
　　盘底部有点潮湿即可；在烤盘中放入两块三角形面皮，用叉子在
　　表面戳满小洞；放入烤箱中部烤15～20分钟，留在烤箱里晾凉。

3　将烤好的面皮取出，把其中一块面皮放在蛋糕盘上，另一块留在
　　烤盘中并翻面，让没有起酥的一面朝上，在表面撒满糖粉，把烤
　　箱上层温度调高，放入烤箱烤1分钟，让糖粉变得闪亮即可。注意
　　千万别烤过头，否则糖粉会变焦。

4　把奶油馅料涂在蛋糕盘中那块酥皮的表面；把撒有糖粉的酥皮盖
　　在上面，并轻轻按压一下，让两块酥皮更好地粘合。

鲜水果黄油酥挞

❖制作难度：简单　❖料理花费：便宜
❖制作时间：45分钟　❖用餐人数：6人

挞皮配料（或500克成品水油酥面坯）
250克面粉
60克白砂糖
75克黄油
2个鸡蛋
1咖啡勺泡打粉

少许盐

馅料
800克多汁的水果（杏、李子、梨等）
80克白砂糖

1　把泡打粉倒入碗中，加3汤勺温水调开。

2　提前2小时制作挞皮：把黄油放入酥挞模具中，开火，让黄油熔化；在大碗中放入面粉、鸡蛋、白砂糖、盐、泡打粉水和黄油，使劲拌匀，把面团反复拉伸揉捏5分钟左右；当面团变得柔软且有弹性，放入挞模中，用手指摊开，把边缘拉起，使之与挞模内壁贴合。

3　把水果洗净，对半切开，去掉核，紧挨着并排摆在挞皮上（将水果带皮的一面朝下，这样汁水不会流出来），在温热通风处放置1.5～2小时。烤箱预热到230℃。

4　将挞模放入烤箱中部，烤制20～25分钟。快烤好时取出，撒上白砂糖，放回烤箱再烤5分钟。

5　取出后立刻脱模，晾凉后食用，也可冷食。

私房厨话
• 水油酥面坯很容易熟，不要烤得过久。
• 如果一次吃不完，可在冰箱中冷藏保存到次日食用。

香草蛋奶派

❖制作难度：特别简单　❖料理花费：便宜

❖制作时间：30分钟　❖用餐人数：4～6人

50毫升牛奶

少许盐

7.5克香草味砂糖（或1根香草荚）

90克白糖

3个鸡蛋

35克面粉

1小块黄油

特殊用具

1个直径20～22厘米的曼克蛋糕模具

（或深口盘）

1 烤箱预热到230℃。把模具内壁用黄油擦一遍。把牛奶倒入小锅中，加入盐与香草味砂糖（或1根香草荚），开小火加热。

2 将鸡蛋磕入碗中，加入白糖，用电动打蛋器打匀，直至蛋液颜色发白。

3 分几次把面粉加入打好的蛋液中，同时不停搅拌以避免结块。舀出一小杯热牛奶，稍微晾一会儿，倒入面浆中并继续搅拌，至完全搅拌均匀并且没有结块的时候，向碗中倒入余下的牛奶（这一次得是滚开的）。

4 把搅拌好的牛奶面浆倒入模具中，放入烤箱中层烤20～25分钟。晾凉后即可上桌，无须脱模。当然，为了美观起见，也可以脱模后倒入碟子中再上桌。

私房厨话

- 这是一道非常容易做成功的甜点，所以一定不要再节省工序。记住：牛奶要分两次加入到蛋液中，而且两次的温度要有差别。如果一次全部加入的话，不管牛奶是热还是冷，烤好后的蛋奶派底部都会有一层面粉沉淀。
- 也可用玉米粉来替代面粉，口感会更为细腻。

李子蛋奶派

❖制作难度：特别简单 ❖料理花费：不太贵
❖制作时间：1小时 ❖用餐人数：4～5人

20克面粉   少许盐
60克白糖   250克李子（去核）
2个鸡蛋   少许黄油
200毫升牛奶

1 把面粉、鸡蛋、牛奶、白糖和盐都放入料理机中，搅拌均匀后放
   入李子。

2 烤箱预热到170℃；把烤盘用黄油擦一遍，倒入搅拌好的混合物，
   放入烤箱烤45分钟。烤好后取出，晾一会儿即可上桌，也可冷食。

**私房
厨话**
• 如果您买到的李子比较干，需要提前放到温水里泡几个
  小时。

第二章

法式经典烘焙

chapter · 02

奶油和鸡蛋类

甜点奶油

❖制作难度：特别简单　❖料理花费：不太贵
❖制作时间：15分钟　❖用餐人数：4人

500毫升牛奶
150克白砂糖
2袋（7.5克／袋）香草味砂糖

4个鸡蛋
30克面粉

1　把牛奶在大锅中煮沸。

2　把鸡蛋磕入碗中，加入白砂糖和香草味砂糖，用电动搅拌器搅拌到蛋液颜色微微发白为止，依次倒入面粉和煮沸的牛奶。

3　把奶糊倒回锅中，开文火，用木勺不停搅拌，让奶糊的质地变得浓稠，同时要避免粘锅。煮沸后，继续煮开几分钟，然后关火即可。

私房
厨话

- 甜点奶油最常用来涂抹蛋挞。如果是为了给泡芙制作奶油馅料，质地应该更为浓稠，需要把面粉的量加至60克，白砂糖加至175克。
- 可用樱桃烧酒、朗姆酒或香草荚（1个即可）代替香草味砂糖。如果用香草荚的话，要在煮牛奶的时候就放进锅中。
- 晾凉奶油的过程中要不时搅拌，以避免表面结出硬皮。也可以把一块核桃大小的黄油稍稍熔化，浇在奶油的表面上，以避免结皮。
- 在做好的奶油中加入2汤勺杏仁粉（或3～4个磨碎的熟果子），拌匀后就成了杏仁或果子奶油，可作为挞类或派类甜点的内馅。

香缇奶油

制作难度：难 ❖ 料理花费：贵
❖ 制作时间：10分钟 ❖ 用餐人数：4人

200毫升鲜奶油   2~3袋（7.5克/袋）香草味砂糖

1　将冰箱温度调至最低，放入鲜奶油冷藏。

2　将电动打蛋器开至低速，用较大的绕圈动作把冷藏好的鲜奶油打
　　发起来。

3　当奶油的泡沫变得很丰富并且可以挂在搅拌头上时，立即停止搅
　　拌，加入香草味砂糖，放入冰箱冷藏，食用时取出即可。

私房厨话

- 打发奶油的要点在于：
  一定要低温打发；
  盛装奶油的碗也必须非常凉，如果事先没有来得及将碗冷
  藏（或冷冻）一下，在打发的过程中要在下面放些冰块；
  要用搅拌头比较长的打蛋器，开低速和用较大的绕圈动作
  是为了尽量多地让空气进入奶油中。
- 如果您买到的奶油比较稀，可以用电动搅拌器来搅拌（也
  要事先把奶油冷藏）。

英国奶油

❖制作难度：难　❖料理花费：不太贵　❖制作时间：20分钟
❖冷藏时间：2~3小时　❖用餐人数：4人

500毫升牛奶　　　　　　　　　　100克白砂糖
1袋（7.5克）香草味砂糖　　　　　少许盐
4~5个蛋黄

1　锅中倒入牛奶，放入香草味砂糖和少许盐，开火煮沸。

2　蛋黄中加入白砂糖，用木勺搅拌，直到蛋黄的颜色微微发白，慢
　　慢倒入牛奶并拌匀。

3　把牛奶混合物倒回锅中，开文火，用木勺不停搅拌以避免粘锅；
　　当牛奶混合物变成浓稠的奶油而且能够包裹住木勺时立刻关火
　　（一定不要煮沸），用电动搅拌器搅拌一下，冷藏后食用。

**私房
厨话**

- 如果您是初学者，建议您在煮牛奶的时候加入1汤勺土豆淀粉，这样即使不小心煮沸了，奶油也不会被煮坏。
- 可以用很多方法来调味，比如在牛奶中加入剖成两半的香草荚（或者只用里面的种子），也可以放入适量柠檬皮、液体焦糖（买成品即可）、速溶咖啡粉等。
- 如果想减少一些成本，可以只用2~3个蛋黄，再加入香草精或柠檬皮来提味。

焦糖奶油

❖制作难度：简单　❖料理花费：不太贵　❖制作时间：1小时
❖冷藏时间：2~3小时　❖用餐人数：4人

奶油配料
500毫升牛奶
3~4个鸡蛋
100克白砂糖
1袋（7.5克）香草味砂糖

糖汁配料（或使用已经熬好的糖汁）
50克白砂糖
几滴柠檬汁

1 熬制糖汁：把白砂糖和1/4杯清水倒入模具中，再挤入几滴柠檬汁，开中火，当糖汁开始变色时，把模具倾斜并晃动几圈，让糖汁均匀地分布在模具底部和内壁。当糖汁的颜色变得足够深时，立刻关火。

2 把烤箱预热到200℃。

3 牛奶中加入白砂糖和香草味砂糖，煮沸。

4 将鸡蛋在大碗中搅打成蛋液；向碗中慢慢倒入煮沸的牛奶，同时用打蛋器搅拌；拌匀后倒入模具中；在深口烤盘中加入冷水，把模具放在里面，放入烤箱，隔水烤制30~45分钟。烤制过程中需要不时查看，一定不要沸腾，当表面形成金黄色的硬皮时，就说明已经烤好了。取出后晾凉，倒扣入盘中即可上桌。

私房厨话

• 需要准备一副隔热手套，而不要使用清洁布来代替，因为清洁布很容易缠在锅柄上。

• 把烤好的奶油脱模后，模具底部可能会残留一些焦糖。您可以在模具中倒入2~3汤勺热水，开文火煮沸，同时用木勺把糖刮下来并搅拌均匀，再浇到奶油上。

• 如果不想自己熬糖汁，可以买成品的液体焦糖来代替。

咖啡奶油

❖制作难度：特别简单 ❖料理花费：便宜
❖制作时间：15分钟 ❖用餐人数：4人

500毫升牛奶 20克淀粉
1汤勺速溶咖啡粉
少许盐 **特殊用具**
2个蛋黄 1个大杯（或4个小烤杯）
90克白砂糖

1 把牛奶倒入锅中，加入速溶咖啡粉和少量盐，开火煮沸。

2 把蛋黄、白砂糖及淀粉放入碗中，用电动打蛋器打到轻微发泡，
  慢慢倒入煮沸的咖啡牛奶；搅拌均匀后倒回锅中，开文火，继续
  不停搅动，直到变成黏稠的奶油而且能挂在木勺上，煮沸前立刻
  关火。

3 把煮好的奶油倒在大杯中（或按人数分装入小杯），冷却后食用。
  晾凉后的奶油会变得更为黏稠。

私房
厨话   • 可以用5~6个蛋黄，去掉淀粉，这样既能保证奶油的黏稠
         度，口感也更为细腻。

摩卡奶油

❖ 制作难度：容易　❖ 料理花费：不太贵

❖ 制作时间：20分钟　❖ 用餐人数：6~8人

200克黄油
1汤勺冻干咖啡

3个蛋黄
100克白砂糖（或糖粉）

1　提前一小时从冰箱中取出黄油，让它有足够时间软化下来。

2　把冻干咖啡用一汤勺热水溶解（不能用冷水，否则会结块）；将蛋黄、白砂糖和溶解后的咖啡放入碗中，再把碗放在盛有清水的锅里进行隔水加热，同时用电动打蛋器打发成光滑闪亮的奶油，直到奶油用勺子舀起时会像丝带般流下去。这个过程大约需要几分钟。

3　关火，待奶油冷却。如果时间比较紧，可将碗放入冷水锅中加速冷却。

4　将软化后的黄油一小块一小块地放进冷却后的奶油中，再用电动打蛋器拌匀即可。可作为蛋糕等甜点的馅料或装饰，比如摩卡蛋糕、圣诞树轮蛋糕、法式海绵蛋糕、萨瓦蛋糕、蛋白脆饼、脆蛋卷等。打好后最好尽快使用，否则奶油会变硬。

私房厨话

• 要先把溶解后的咖啡和蛋黄、白砂糖先混合均匀，之后再加入黄油。

• 如果当天用不完所有的奶油，必须放入冰箱冷藏，并盖好容器的盖子。下次再使用时，需提前片刻取出，并用叉子搅拌一下，这样奶油可以重新变得柔软而浓稠。

冻奶油杯

❖制作难度：简单 ❖料理花费：不太贵 ❖制作时间：15分钟
❖冷冻时间：2小时 ❖用餐人数：4人

150毫升鲜奶油（冷藏）
2个鸡蛋
3汤勺白砂糖
1汤勺糖汁

特殊用具
4个小烤杯

1 在碗中放入鲜奶油，用电动打蛋器的中速挡搅打（手打也可以），
  直到奶油起泡而且质地变得坚挺，盛入另一个容器中。

2 在刚才打奶油的碗中放入蛋黄、2汤勺白砂糖和糖汁，用电动搅拌
  器慢速搅打，当混合物的颜色变白且从搅拌头上流下去呈丝带状
  时，立刻停止搅打，倒入刚才打好的奶油，不要搅拌，直接放入
  冰箱冷藏。

3 把搅拌头和碗都彻底清洗干净。把蛋白打发成质地坚挺的蛋白霜，
  打到一半的时候，加入余下的白砂糖，打好之后，取一把刮铲，
  将蛋白霜分几次加入冷藏好的奶油中。

4 分别装入4个小烤杯，放入冰箱冷冻2小时即可上桌。

私房
厨话

• 如果是提前准备，要把小烤杯用铝箔纸蒙好，以免香味流
  失。开饭前从冷冻室拿出来，放入冷藏室慢慢解冻，上甜
  点的时候取出即可。

果仁碎糖奶油杯

❖制作难度：简单 ❖料理花费：不太贵
❖制作时间：15分钟 ❖用餐人数：4人

100克果仁碎糖

奶油配料
500毫升牛奶
1袋（7.5克）香草味砂糖
4~5个蛋黄

80克白砂糖
少许盐

餐具
4个小杯

1 把牛奶倒入锅中，加入香草味砂糖和少许盐，开火煮沸。

2 把蛋黄和白砂糖放入碗中，用电动打蛋器搅打到蛋黄微微发白，倒入煮沸的牛奶，同时继续不停搅打；搅打均匀后倒回锅中，开文火，用木勺搅拌，直到变成质地较为浓稠的奶油，煮沸前立刻关火。

3 在热奶油中加入果仁碎糖，晾凉后分装入小杯中。可搭配杏仁瓦片或猫舌饼干等食用。

私房
厨话
• 取蛋黄时剩下的蛋白可留着做苹果米糕、水果挞等食用。

红色水果奶油杯

❖ 制作难度：特别简单　❖ 料理花费：不太贵　❖ 制作时间：20分钟

❖ 冷藏时间：2小时　❖ 用餐人数：6～8人

1千克红色水果
50克淀粉
150克白砂糖

装饰配料
1汤勺杏仁片

适量白砂糖
300毫升鲜奶油

特殊用具
1个大杯（或6～8个小杯）

1　把水果放入锅中，倒入清水，让水量刚刚没过水果。开火，待煮
　沸后即刻关火，搅拌均匀，立刻倒入淀粉和白砂糖，不停搅拌，
　直至果泥变得光滑而且有一定的黏稠度，倒入大杯中或按客人的
　数量分装入小杯，放入冰箱冷藏。

2　将冷藏后的水果杯取出，撒上白砂糖和杏仁片，将鲜奶油盛在单
　独的碗中一起上桌。

焦糖奶油杯

❖制作难度：特别简单　❖料理花费：便宜
❖制作时间：15分钟　❖用餐人数：4人

25克淀粉
90克白砂糖
2个鸡蛋
500毫升牛奶（冷藏）
少许盐

2～3汤勺糖汁（或用10块方糖和5汤勺水自己熬制）

特殊用具
4个小烤杯

在碗中放入淀粉、白砂糖、盐和鸡蛋，倒入牛奶，用电动打蛋器搅打，当混合物变得很光滑时，倒入锅中，开中火，用木勺不停搅拌，直到变成浓稠的奶油。当奶油刚开始沸腾时即关火，趁热倒入糖汁中，分装入小烤杯，待冷却后放入冰箱冷藏，食用时取出即可。冷藏后的奶油会变得更为浓稠。

私房
厨话

- 也可以用口感更为细腻的奶油来代替，只是成本要更高一些，做起来也更难。
- 可以自己熬制糖汁：把10块方糖和2汤勺水倒入小锅中，开中火，待方糖刚刚开始变色的时候即关火，再向锅中倒入3汤勺水（不要把脸凑得太近，以避免糖汁溅出发生烫伤），同时不断搅拌，待糖汁稀释后浇入热奶油即可。

巧克力奶油杯

❖制作难度：特别容易　❖料理花费：便宜　❖用餐人数：4人
❖制作时间：20分钟　❖冷藏时间：2～3小时

500毫升牛奶

100克黑巧克力（掰成小块）

4～5个蛋黄

100克白砂糖

少许盐

2汤勺木薯粉

特殊用具

4个舒芙蕾烤杯

1　在牛奶中加入盐以及黑巧克力，开火煮沸。

2　在大碗中放入蛋黄、白砂糖以及木薯粉，用木勺搅匀，直到混合物的颜色开始发白。慢慢浇入煮沸的黑巧克力牛奶，混合均匀后，倒回平底锅中，开文火重新加热，用木勺不停搅动，注意要搅到锅底部分，当奶浆变得很黏稠而且能粘在勺子上即可关火（不要煮沸），分装入舒芙蕾烤杯中，待冷却后放入冰箱冷藏。可佐以手指饼干食用。

私房
厨话

• 也可以用面粉替代木薯粉，但在煮的过程中可能会结块，要多搅拌一会儿。

巧克力甘纳许奶油

❖制作难度：特别容易　❖料理花费：不太贵　❖用餐人数：4人　❖制作时间：10分钟

❖可为6～8人份的蛋糕或30～40个蛋白脆饼做涂抹、填充、装饰等

75克特醇黑巧克力（掰成小块）　　　　　　150～200毫升鲜奶油

1　在小型厚底平底锅中放入特醇黑巧克力和鲜奶油，开小火加热至冒泡，加热过程中不要搅拌。

2　待特醇黑巧克力与奶油都变软后，用木勺混合均匀，关火。

3　待冷却后，用电动打蛋器搅拌，当巧克力奶油的体积膨胀到2倍时即可使用。

私房厨话
• 可添加1～2勺烈酒来提味，如橙子烧酒、库拉索烧酒、朗姆酒、樱桃烧酒或威士忌等。

蛋白霜脆饼

❖ 制作难度：容易　❖ 料理花费：便宜
❖ 制作时间：1.5小时　❖ 用餐人数：4人

2个蛋白　　　　　　　　　　　　1小块黄油
125克白砂糖　　　　　　　　　　1汤勺面粉
1咖啡勺柠檬汁　　　　　　　　　少许盐

1　在大碗中放入蛋白、白砂糖、盐和柠檬汁，用电动打蛋器打发，
　　直到蛋白变得光滑闪亮并且可以挂在搅拌头上。

2　烤箱预热到60℃。把烤盘用黄油擦一遍，撒上少许面粉，用小勺
　　将搅拌好的蛋白舀成一个个小球放在烤盘上。因为蛋白烤后会膨
　　胀，所以各个蛋白小球之间应留出大约2厘米的间隔。

3　放入烤箱烤制1小时左右即可。

**私房
厨话**

• 专业的甜点师有时会将烤好的蛋白霜脆饼留在烤箱中过夜，
  让水分完全蒸发，这样取出后就不会塌下去，您最好也像
  他们那样有耐心。

• 如果蛋白的温度太低，打发的效果会变差，最好提前30分
  钟就把鸡蛋从冰箱里拿出来。

• 在烤盘上垫一张烘焙纸，这样蛋白脆饼烤好后会更容易揭
  下来。如果没有烘焙纸，擦黄油和撒面粉也可以起到相似
  的效果。

• 烤制过程中，要不时打开烤箱门，好让水蒸气散发出来。
  烤好的蛋白脆饼应该很硬，而且颜色也会变得稍微深一些。

巧克力甘纳许夹心蛋白脆饼

❖制作难度：容易 ❖料理花费：不太贵 ❖制作时间：20分钟
❖烤制时间：1小时 ❖用餐人数：多人

2个蛋白
少许盐
80克白砂糖
适量黄油
少许面粉

甘纳许奶油配料
75克特醇黑巧克力
150毫升鲜奶油

特殊用具
40个小纸杯
1个铺有铝箔纸的烤盘

1 烤箱预热到150℃。在烤盘上铺一大张铝箔纸，在铝箔纸上涂一层黄油，并撒上少许面粉以防粘连。

2 在大腕中放入蛋白、白砂糖、盐，用电动打蛋器打发，用勺子舀成小球放到铝箔纸上（大约做20～30个），放入烤箱烤制1小时，做成蛋白脆饼。

3 利用烤制脆饼的时间来制作奶油：把巧克力掰成小块，和鲜奶油一起放入小号厚底平底锅中，开小火加热到起泡（加热过程中不要搅拌）。当巧克力变软即关火，待其温度降下来后，用电动打蛋器搅打，直到奶油的体积增大到2倍左右。将打好的奶油晾凉到室温，这样质地会变得黏稠而又不会变硬。

4 取两片烤好的蛋白脆饼，在其中一片的底部涂抹一层厚厚的奶油，把两片粘合起来，放入小纸杯中。将余下的蛋白脆饼和奶油都用同样的方法做好，放入冰箱冷藏片刻，让蛋白脆饼变得硬一些即可。注意不要冷藏过久，因为几小时后蛋白脆饼就会变软。

焦糖奶油夹心泡芙

❖ 制作难度：难　❖ 料理花费：不太贵

❖ 制作时间：1小时　❖ 可做12个中等大小的泡芙

泡芙配料
少许盐
80克黄油（切小块）
125克面粉
4个鸡蛋

糖汁配料
200克白砂糖、半咖啡勺柠檬汁

奶油馅料
500毫升牛奶
100克黄油
1根香草荚（或1袋香草味砂糖）
150克白砂糖
60克面粉
4个蛋白
少许盐

1　平底锅中加入水、盐和黄油，开文火，待黄油熔化后，加入面粉，用木勺使劲搅拌，当混合物不再粘在勺子上时关火；趁热加入1个鸡蛋，用搅拌器拌匀，再陆续加入其余的鸡蛋并继续搅拌，直到面团变得柔软有光泽。

2　烤箱预热到200℃。将烤盘用黄油擦一遍，用汤勺把面团舀成一个个小球，放在烤盘上，小球之间要有间隔；放入烤箱烤制20～30分钟，把烤箱温度降到170℃，继续烤10分钟即可取出。

3　制作奶油：牛奶中加入香草荚，煮沸；把白砂糖、蛋白、面粉和盐在大碗中拌匀，向碗中缓慢地倒入煮开的牛奶，再次拌匀，然后倒回平底锅中，重新煮开；待温度降下来后，加入黄油拌匀。

4　平底锅中放入白砂糖、半杯水和柠檬汁，开火煮沸。煮的过程中，在锅旁边放一碗冷水，将少量糖汁滴入水中，如果糖汁立即凝成糖珠，即可把烤好的泡芙逐个放入锅中，让泡芙表面沾满糖汁。

5　把沾满糖汁的泡芙放在涂过油的盘子上，待晾凉后，将每个泡芙在自下3/4的高度水平切开，填入冷却后的奶油馅即可。

玫瑰杏仁糖浮岛

❖ 制作难度：简单　　❖ 料理花费：不太贵
❖ 制作时间：45分钟　❖ 用餐人数：4人

糖汁配料
60克白糖
半个柠檬（或同样分量的柠檬汁）

浮岛配料
50克玫瑰杏仁糖　　80克白糖
4个蛋白　　　　　少许盐

蛋奶酱配料
330毫升牛奶　　　60克白糖
1根香草荚　　　　少许盐
4个蛋黄

1　把白糖撒在烤杯底部，倒入3汤勺水和柠檬汁，用文火加热，当糖汁开始变成黄色时，轻轻晃动模具让内壁也粘上糖汁。当糖汁马上要变成褐色时迅速关火。

2　把玫瑰杏仁糖放到案板上，用擀面杖压碎；在蛋白中加入少许盐，用打蛋器打发成细腻的蛋白霜。在打发的过程中，当霜体开始形成时，立即加入一汤勺白糖，之后继续打发，并分两次把余下的白糖加入，继续打2分钟，直到蛋白霜变得坚挺而且有光泽。

3　烤箱预热到130℃。在蛋白霜中倒入压碎的玫瑰杏仁糖，用木勺轻轻拌匀，盛入装糖汁的烤杯中；把烤杯放入装有少量水的烤盘中，在烤箱中隔水烤20分钟即成"岛屿"；取出后晾凉并放入冰箱冷藏，待上桌前再脱模。

4　牛奶中加入香草荚和少许盐，煮沸；把蛋黄与白糖放入大碗，用电动打蛋器混合均匀，向碗中倒入煮沸的牛奶，边倒边搅拌；把拌匀的蛋奶浆倒回锅中，开文火重新加热并继续搅拌，当质地变黏稠时即可关火。把煮好的蛋奶酱倒入大碗中，晾至室温后放入冰箱冷藏。

5　上桌前，将冷藏好的"岛屿"脱模并倒扣在英式奶油上即成"浮岛"。

奶蛋

❖制作难度：容易 ❖料理花费：便宜 ❖制作时间：1小时
❖冷藏时间：2～3小时 ❖用餐人数：4人

3个鸡蛋
500毫升牛奶
80克白砂糖

7.5克香草味砂糖
少许盐

1 烤箱预热到200℃。

2 在大碗中将鸡蛋打成蛋液；将牛奶在锅中煮沸，慢慢向锅中倒入打好的蛋液，再放入白砂糖、香草味砂糖和少许盐，同时不停地搅拌。

3 把搅拌好的蛋奶液倒入烤杯，放在加了少量水的烤盘上，放入烤箱烤大约20分钟，当蛋奶液表面结起一层金黄的脆皮，说明已经烤好了，此时要立即取出。晾凉后，放入冰箱冷藏2～3小时，食用时取出即可。

私房
厨话

- 如果上次做菜时剩下一个蛋白，正可以拿来做这道甜点。这样的话，只需再加两个鸡蛋即可。
- 如果想做成四个单人份，可以用4个小号烤杯来代替1个大烤杯。
- 烤制过程中，千万不要让蛋奶液沸腾起来。

雪花蛋奶

❖制作难度：稍有难度　❖料理花费：不太贵
❖制作时间：40分钟　❖用餐人数：4人

蛋奶酱配料　　　　　　　　　　　　100克白砂糖
500毫升牛奶　　　　　　　　　　　　少许盐
4克香草味砂糖　　　　　　　　　　　4个蛋白
4个蛋黄

1　制作蛋奶酱：在牛奶中加入香草味砂糖和少许盐，煮沸；在大碗
　　中放入蛋黄和白砂糖，用木勺搅拌均匀，直到混合物颜色发白即
　　可；向碗中缓慢浇入煮开的牛奶，拌匀后倒回锅中，开文火加热，
　　同时用木勺不停搅拌，注意不要粘锅，直到蛋奶酱变得黏稠并且
　　能粘在勺子上即可，这一次千万不要煮沸，否则会结块。

2　在大锅中加入水，开火加热。利用这段时间把蛋白打发成质地坚
　　挺细腻的蛋白霜。

3　当水开始微微冒泡，取一个汤勺，把打好的蛋白霜舀成一个个小
　　球放进去（每次不要放得过多，放4~5个即可），煮几秒钟之后，
　　用汤勺翻到另一面继续煮几秒钟。当小球膨胀起来，立刻取出沥
　　水。用同样的方法把余下的蛋白霜都煮成小球。

4　当蛋奶酱完全冷却，把煮好的蛋白霜小球放到上面即可。

私房厨话

- 也可以将蛋白霜小球放入牛奶中煮制，这样做出的颜色要
  深一些。
- 若用牛奶煮，要当心溢锅。

焗火焰雪山

❖制作难度：容易　❖料理花费：不太贵
❖制作时间：30分钟　❖用餐人数：6人

1个海绵蛋糕
50毫升烧酒
500克香草味冰激凌
少许糖粉（装饰用）

蛋白霜配料
4个蛋白
250克白砂糖
少许盐

1　制作蛋白霜在厚底锅中放入蛋白、白砂糖和盐，开小火加热（或隔水加热），同时用电动打蛋器搅打至蛋白发出光泽且能挂在打蛋器上。关火后继续搅打至冷却，放在凉爽处待用。

2　烤箱预热到260℃。

3　将海绵蛋糕沿水平方向切成2块，浇上烧酒，将其中一块放入烤盘中；从冷冻室取出香草味冰激凌，分成2～3块，放在海绵蛋糕上，把另外一块蛋糕盖在上面，轻轻按压使其与冰激凌紧密粘合；用刮铲在海绵蛋糕外面涂一层厚厚的蛋白霜，不要抹平，涂成起伏的形状；在顶部撒上糖粉。

4　放入预热好的烤箱中层，待顶部的蛋白霜变成金黄色即可。

私房
厨话
・最好用金属烤盘或烘焙用的瓷盘。如果没有，可在普通的平底盘上铺一层铝膜。

奶油咖啡乳酪

❖制作难度：特别简单　❖料理花费：便宜
❖制作时间：10分钟　❖用餐人数：4人

200克白乳酪　　　　　　　　　　50毫升鲜奶油
1咖啡勺速溶咖啡粉　　　　　　　　60克白砂糖

1　用1汤勺水把速溶咖啡粉溶解。

2　把白乳酪和鲜奶油放入大碗，将咖啡浇在上面，用打蛋器搅打均匀，要让混合物中进入尽量多的空气，最后加入白砂糖即可上桌。可佐以小蛋糕食用。

私房
厨话
• 要先把白乳酪和鲜奶油都冷藏后再搅打。

法 式 经 典 烘 焙

chapter·03

蛋糕、舒芙蕾和布丁类

香草味巴伐利亚奶油羹

❖ 制作难度：难　❖ 料理花费：不太贵　❖ 用餐人数：8人
❖ 制作时间：40分钟　❖ 冷却时间：12～48小时

75克白砂糖
5～6片明胶

巴伐利亚奶油酱配料

500毫升牛奶
15克香草味砂糖
6个蛋黄
少许盐

奶油馅配料

350～400毫升鲜奶油（冷藏）
少许盐

特殊用具

1个直径20～22厘米的舒芙蕾烤杯（同
样大小的夏洛特蛋糕模具或6～8个小
烤杯亦可）

1　制作巴伐利亚奶油酱：把牛奶倒入锅中，放入香草味砂糖和少许盐，开火煮沸后立刻关火；把蛋黄逐个放入锅中，同时持续搅拌，待拌匀后开文火重新加热，用木勺不停搅动，直至奶汁变成浓稠的奶酱即刻关火。一定不要再煮沸。

2　在碗中倒入适量冷水，逐片放入明胶，待其变软后取出，放入平底盘中并摊平，用吸水纸吸干表面水分（动作要快些，否则明胶片变干后会自动卷起），把巴伐利亚奶油酱涂在上面，晾凉后备用。

3　制作奶油馅：在鲜奶油中加入少许盐，用电动打蛋器慢速打发，当泡沫可以粘在搅拌头上而且不会掉落时，立刻停止搅打。

4　当巴伐利亚奶油酱已经晾凉并开始形成凝胶时，加入打好的奶油馅并轻柔搅匀。若巴伐利亚奶油酱已经结块，要先用搅拌器打散，再拌入奶油馅。

5　用冷水冲洗一下模具；撒入白砂糖，铺上涂好奶油的明胶片，放入冰箱冷藏12～48小时（冷藏时间不要过短也不要过长）；上桌前取出，把模具底部浸入热水中泡片刻以利于脱模，倒扣入盘中即成。

草莓夏洛特蛋糕

❖ 制作难度：难　❖ 料理花费：贵　❖ 用餐人数：8人
❖ 制作时间：1小时　❖ 冷却时间：12小时

15块手指饼干
250克草莓
1小块黄油
适量白砂糖
3片明胶

巴伐利亚奶油酱配料
250毫升牛奶
4克香草味砂糖（或1根香草荚）
50克白糖
少许盐
3个蛋黄

奶油馅配料
350毫升鲜奶油

水果淋酱配料
400克草莓
200克白砂糖
2个柠檬（取汁）

特殊用具
1个直径22厘米的夏洛特蛋糕模具（同样大小的卡纳蕾蛋糕模具或舒芙蕾烤杯亦可）

1　将鲜奶油放入冰箱冷藏。

2　制作巴伐利亚奶油酱：把牛奶倒入锅中，放入白糖、香草味砂糖和少许盐，开火煮沸后即刻关火；放入蛋黄，同时不停搅拌，待拌匀后开文火重新加热，用木勺搅动，直至奶汁变得浓稠。注意这次不要煮开。

3　在碗中放适量冷水，逐片放入明胶，等明胶变软后取出并在平底盘中摊开，用吸水纸吸干表面水分，把巴伐利亚奶油酱涂在上面，待其晾凉并形成凝胶。也可放入冰箱冷藏。

4　把草莓洗净，选出二十几个最完美的用来装饰蛋糕。把选出的这一部分晾干，并在表面沾满白糖。

5　用少许黄油把模具内壁轻轻擦一遍（不要擦底部），把手指饼干竖着逐个贴在内壁上（让饼干鼓起的一面与模具内壁接触），用手轻轻按压，使其贴合紧密；将白砂糖撒在模具底部，这样一会儿脱模时会比较容易。

6 制作奶油馅：用电动打蛋器将冷藏后的鲜奶油打发起来，直到泡沫能够粘在搅拌头上即停止；用刮板把打发好的鲜奶油拌入巴伐利亚奶油酱中并轻柔地搅匀，从而得到质地浓稠的奶油馅。

7 把少许奶油馅填入模具，在上面放些草莓，再填一层奶油馅，之后再放些草莓，这样交替进行，直到把模具填满为止。如果馅料不够，可在最上层填入适量压碎的手指饼干。放入冰箱冷藏过夜。

8 制作水果淋酱：在草莓中加入柠檬汁与白砂糖，用搅拌器打匀。

9 次日，从冰箱中取出冷却好的蛋糕，把模具底部放入热水中浸泡片刻以利于脱模；把蛋糕倒扣在圆盘上，浇上少许水果淋酱，把余下的水果淋酱倒入小碟中一起上桌。

私房厨话

- 此方法也可以制作覆盆子夏洛特蛋糕。
- 用于做馅料的必须是新鲜水果，但淋酱可用冷冻水果来代替。这样的话，直接用搅拌器打碎即可，无须再加白砂糖。
- 做好的夏洛特蛋糕可冷冻保存，下次食用前解冻即可。但要记得提前至少4小时取出，放入冷藏室待其慢慢解冻，而不要直接放在温度过高的地方。

巧克力夏洛特蛋糕

❖制作难度：简单　❖料理花费：不太贵　❖制作时间：30分钟
❖冷藏时间：10～12小时　❖用餐人数：4人

125克手指饼干
1小杯朗姆酒
175克巧克力
75克黄油（切小块）
200克栗子酱
4个鸡蛋（分离蛋黄和蛋白）

少许盐

特殊用具
1个夏洛特蛋糕模具（或其他内壁较深的模具）

1 把朗姆酒喷在手指饼干上，取出6块备用，把其余的手指饼干竖着贴在模具内壁上。

2 把巧克力掰碎放入锅中，加入一小块黄油，开文火，待巧克力和黄油都熔化后，把余下的黄油和栗子酱都倒入锅中，继续加热，同时用木勺使劲拌匀。当巧克力栗子酱变得有光泽时即关火，加入蛋黄，拌匀备用；将少许盐加入蛋白中，打发成质地坚挺的蛋白霜，拌入晾凉后的巧克力栗子酱，注意动作要轻柔。

3 把一半馅料填入模具中，把留出备用的其中3块手指饼干平放在上面，放入余下的馅料，再把另外3块手指饼干平放在表面，在冰箱中冷藏过夜。上桌前取出，倒扣在圆碟中即可。

私房厨话
• 可在蛋糕表面添加适量打发好的鲜奶油或水果酱。

巴伐利亚奶油酱夏洛特蛋糕

❖制作难度：难　❖料理花费：不太贵　❖制作时间：1小时

❖冷冻时间：12小时　❖用餐人数：8人

20块手指饼干

30毫升无色烈酒

1小块黄油

400毫升鲜奶油

7片明胶

巴伐利亚奶油酱配料

500毫升牛奶

15克香草味砂糖

100克白砂糖

少许盐

6个蛋黄

特殊用具

1个直径24厘米的舒芙蕾烤杯（或同样大小的夏洛特蛋糕模具）

1　冷藏奶油。制作巴伐利亚奶油酱：把牛奶倒入锅中，放入香草味砂糖、白砂糖和盐，开火煮至沸腾即关火，放入蛋黄，同时用搅拌器搅匀；开文火重新加热，用木勺不停搅动，直至奶汁变得浓稠即可关火，千万不要煮开。晾凉待用。

2　碗中放冷水，将明胶逐片放入，待其变软后取出并在平底盘中摊开，用吸水纸吸干表面水分，把制作好的巴伐利亚奶油酱淋在上面，放入冰箱冷藏使其形成凝胶。

3　将冷藏后的鲜奶油用电动打蛋器打发成质地坚挺的泡沫，慢慢地与巴伐利亚奶油酱拌匀。如果巴伐利亚奶油酱已凝固成块，要先用搅拌器打散，再拌入奶油泡沫。

4　无色烈酒中掺入少量水，放入手指饼干浸泡一下。用黄油把模具内壁涂一遍，把手指饼干竖着逐个粘在上面，用手轻轻按压，使之贴合紧密；倒入拌好的奶油酱馅料，放入冰箱冷藏12小时。

5　上桌前从冰箱中取出，倒扣入圆盘中即可。可以先把模具底部在热水中浸泡几秒钟，这样脱模会更容易些。

布里欧蛋糕

❖制作难度：难　❖料理花费：不太贵　❖面团醒发时间：2小时

❖制作时间：20分钟　❖烘烤时间：30～35分钟　❖可做20片左右

250克面粉
100克黄油（软化）
1袋泡打粉
3～4汤勺牛奶（温热）
2个鸡蛋
40克白砂糖

少许盐

特殊用具
1个直径26厘米的蛋糕模具（或2个小号蛋糕模具）

1 在大碗中放入面粉、泡打粉、牛奶，混合均匀后打入鸡蛋，加入20克白砂糖和盐，再次搅匀。需搅拌15分钟左右，直到面团变得较硬且富有弹性。

2 把面团按平，先放入30克黄油，按揉均匀，再分两次加入余下的黄油，反复按揉5～7分钟，让面团富有弹性，必要时可撒少量面粉。在和好的面团外面裹上一张铝箔纸或一条餐巾，放到温度较高的地方，让面团醒发至2倍大（要等1小时左右）。

3 当面团发到足够大的时候，用手拍打几秒钟，让它瘪下去，然后放入事先擦过黄油的蛋糕模具中，盖上盖子，让面团再次发起来并充满模具（也要等1小时左右）。如果不急于烤制，可以先放入冰箱冷藏过夜。

4 将烤箱预热到200℃；把剪子尖沾湿，在面团表面划开5～6个小口，这样会让蛋糕在烤制过程中更容易膨胀起来；放入烤箱烤制30～35分钟；烤好后取出脱模并倒扣在网架上，让热气充分散发。

萨瓦蛋糕

❖ 制作难度：简单　❖ 料理花费：便宜
❖ 制作时间：1小时15分钟　❖ 用餐人数：6～8人

4个鸡蛋
125克白砂糖
7.5克香草味砂糖
少许盐
30克淀粉
60克面粉

适量黄油

特殊用具
1个直径22厘米的曼克蛋糕模具（或1只直径25厘米的普通蛋糕模具）

1 把蛋白和蛋黄分开。留出1汤勺白砂糖，将其余放入碗中（或者料理机中），和香草味砂糖以及蛋黄一起搅打，当搅打好的糊糊用勺子舀起时会像丝带般流下时即可。这一步非常关键，蛋糕质量的好坏很大程度上取决于此。

2 烤箱预热到170℃。

3 把搅拌器的搅拌头彻底洗净并擦干，不要有任何水分或油分残留。在盛蛋白的碗中加入少许盐，打成质地坚挺并微微发亮的蛋白霜。在搅打到一半的时候要加入1汤勺白砂糖。

4 在搅打好的糊糊中撒入面粉和淀粉，用刮铲搅拌均匀，但不要过于用力，之后慢慢地分2～3次拌入打好的蛋白霜，做成面糊。

5 将蛋糕模具内壁用黄油擦一遍，倒入做好的面糊。面糊不应超过模具的3/4高度；放入烤箱烤制35～40分钟；取出并脱模，晾凉后即可食用。最好放在烤架上待其变凉，这样水蒸气可以更好地散发掉。

私房厨话
- 如果面粉或淀粉里面有结块，撒的时候可在装糊糊的碗上面放一只筛网。
- 当蛋糕表面变干并呈现出漂亮的金黄色时就说明烤好了。

焦糖小麦蛋糕

❖制作难度：简单　❖料理花费：便宜
❖制作时间：1小时　❖用餐人数：4人

100克面粉
100克葡萄干
500毫升牛奶
4克香草味砂糖
70克白砂糖
2个鸡蛋（打成蛋液）
1/4咖啡勺盐

糖汁配料
10块方糖
1/4个柠檬（取汁）

特殊用具
一个蛋糕模具

1 把葡萄干放入热水中浸泡15分钟，取出沥干。烤箱下层预热到170℃。

2 锅中倒入牛奶，加入盐和香草味砂糖，开火煮沸后立刻加入面粉，调至文火，用木勺不停搅拌，使面浆变得黏稠，待沸腾后继续煮10分钟；关火，加入白砂糖、葡萄干和蛋液，做成牛奶面浆。

3 熬制糖汁：在模具中放入方糖和2汤勺水，挤入几滴柠檬汁，开中火，待方糖熔化而且颜色开始变深时，轻轻晃动模具，让糖汁均匀地粘在内壁上。注意不要把糖汁熬焦。

4 将牛奶面浆倒入模具中，放入烤箱烤制30分钟左右；烤好后取出晾凉并脱模，冷食最佳。可佐以奶油、柑橘果酱等食用。

私房厨话

• 可用橘皮或柠檬皮代替葡萄干。

布列塔尼法荷蛋糕

❖制作难度：特别简单　❖料理花费：便宜
❖制作时间：1.5小时　❖用餐人数：4人

100克葡萄干

1杯朗姆酒

155克面粉

90克白砂糖

3个鸡蛋

500毫升牛奶（冷藏）

少许盐

一小块黄油

1 把葡萄干放入朗姆酒中泡软。烤箱预热到200℃。

2 在大碗中依次放入面粉、白砂糖、盐，打入鸡蛋，拌匀后倒入牛
奶和葡萄干，用木勺搅拌成面浆备用。

3 用黄油把烤盘底部涂一遍，倒入面浆，放入烤箱中层烤制15分
钟，然后把温度降低一些，继续烤1小时。晾凉后即可上桌，无须
脱模。

**私房
厨话**
• 也可用去核的李子来代替葡萄干，这样就没必要用朗姆酒
浸泡了。

• 可在烤好的蛋糕表面撒一层糖粉来装饰。

樱桃布丁蛋糕

❖制作难度：特别简单　❖料理花费：便宜
❖制作时间：55分钟　❖用餐人数：4人

500克樱桃（去核）　　　　　2杯牛奶（冷藏）
60克面粉　　　　　　　　　　一小块黄油
125克白砂糖　　　　　　　　少许盐
3个鸡蛋　　　　　　　　　　少许糖粉（装饰用）

1　把樱桃洗净，沥干。烤箱预热到200℃。

2　大碗中放入面粉、白砂糖与盐，逐个加入鸡蛋，搅拌均匀后倒入
　　牛奶，再次拌匀。

3　把烤盘用黄油擦一遍，放入樱桃，倒入牛奶糊，放入烤箱烤45分
　　钟左右。烤好后取出晾一会儿即可上桌，也可冷食。上桌前可在
　　表面撒少许糖粉来装饰。

**私房
厨话**

• 传统的布丁蛋糕是用黑樱桃来做的。用酸樱桃来替代也同
　样美味。

• 可用同样的方法来制作摊薄饼的面糊。

诺曼底苹果布丁蛋糕

❖制作难度：特别简单　❖料理花费：便宜
❖制作时间：45分钟　❖用餐人数：4人

2~3个苹果
1/4个柠檬（取汁）
60克葡萄干
50克白糖
少许盐
1个鸡蛋
100毫升鲜奶油

20克面粉
40克黄油

特殊用具
1个小号圆形蛋糕模具（或直径20厘米的烤盘）

1　烤箱预热到200℃。苹果去皮，切成小丁后挤上柠檬汁以防止变色；把葡萄干洗净并晾干。

2　在陶瓷皿中放入白糖、盐和鸡蛋，用电动打蛋器搅匀，当颜色开始变白时，加入鲜奶油和面粉，再次拌匀；舀出3汤勺面糊，放入单独的容器备用；把余下的面糊倒入事先用黄油擦过一遍的模具里，再慢慢地放入苹果丁和葡萄干；放入烤箱烤制15分钟。

3　将黄油放入平底锅中，开小火待黄油熔化，在锅中加入备用的3汤勺面糊，拌匀后，倒在烤好的蛋糕上，放回烤箱，将温度升至230℃，继续烤15分钟即可。烤好后取出，待晾凉再脱模。也可以冷食。

私房厨话
• 您可以在出炉不久的布丁蛋糕上淋些苹果酒，然后把酒点燃，就是一道"火焰布丁蛋糕"！记得要把盘子预热，这样苹果酒会更容易被引燃。

糖渍水果蛋糕

❖ 制作难度：简单　❖ 料理花费：不太贵
❖ 制作时间：1.5小时　❖ 用餐人数：4人

125克黄油
125克白砂糖
3个鸡蛋
200克面粉
半袋酵母粉
1汤勺朗姆酒
100克葡萄干

100克杂色水果干（切碎）
少许盐

特殊用具
1个长约25厘米的蛋糕模具
1张烤盘纸

1 烤箱预热到200℃。

2 把黄油在室温下放软，和白砂糖在大碗中用力搅匀。当黄油变成奶油状时，逐个加入鸡蛋（每加一个鸡蛋就要搅拌一遍，搅匀之后再加下一个）；接下来，加入面粉、酵母粉、盐、朗姆酒、葡萄干和杂色水果干，轻轻拌匀，揉成面团。

3 在模具中铺上烤盘纸，用黄油擦一遍，放入面团。

4 放入预热好的烤箱开始烤制。20分钟后，面团会膨胀起来，此时，将面团沿着纵向浅浅地划开，并把烤箱温度降到100℃，继续烤40分钟即可。

私房厨话

• 如果杂色水果干沉到了蛋糕底部，可能是因为：
  面团太软；
  水果干放入面团后没有搅匀；
  烤箱没有预热好。

• 烤制时间结束后，要检查一下是否已经烤好。办法很简单：将叉子插到蛋糕底部再取出，如果叉子是干的，就说明已经烤好了，否则要放回烤箱继续烤制片刻。

杏仁蛋糕

❖ 制作难度：特别简单　❖ 料理花费：不太贵

❖ 制作时间：1小时15分钟　❖ 可做14~16片

250克面粉
120克白糖
1/4咖啡勺盐
半袋泡打粉
150克黄油（要非常软，切小块）
3个鸡蛋

适量杏仁块
1小杯朗姆酒

特殊用具
1个直径24厘米的蛋糕模具

1　烤箱预热到200℃。在大碗中放入面粉、白糖、盐、泡打粉和适量水，混合均匀和成面团；在面团中加入黄油，继续搅拌，当面团变成较硬的粗沙状时，放入鸡蛋、杏仁块和朗姆酒，继续揉一会儿即可。

2　把面团装入模具中，放入烤箱的中部。烤制30分钟后，面团会膨胀起来，此时把温度降到170℃，继续烤30分钟。烤好后取出并脱模，待完全晾凉后再切片。

**私房
厨话**

• 不要用杏仁粉，否则蛋糕会很硬。如果您买到的是整颗的杏仁，无须去掉杏仁外的薄膜，直接用刀粗粗切一下或放入料理机稍微打碎即可。

柠檬慕斯蛋糕

❖ 制作难度：特别简单　❖ 料理花费：便宜
❖ 制作时间：1小时　❖ 可做14～16片

200克面粉

200克白砂糖

半袋泡打粉

1/4咖啡勺盐

半个柠檬（取汁，皮刨成丝）

100克黄油

2个鸡蛋

8汤勺牛奶（冷藏）

特殊用具

1个直径24～26厘米的蛋糕模具

1张烤盘纸

1　烤箱预热到200℃。让黄油在室温下软化。

2　在大碗中放入面粉、白砂糖、盐和泡打粉，用电动打蛋器混合均匀，加入柠檬皮丝、柠檬汁和黄油，搅拌2～3分钟，加入鸡蛋和牛奶，继续搅打8分钟，直到面糊质地变得均匀。

3　把模具内壁用黄油擦一遍，铺入烤盘纸，倒入面糊，放入预热好的烤箱烤制45～50分钟。烤到一半时间的时候，把温度降到170℃。烤好后取出，晾5分钟，然后脱模（最好把蛋糕倒扣在网架上，这样在冷却过程中不会变软）。等完全凉下来后再切片。

私房
厨话

• 可用橙子皮代替柠檬皮。如果不是有机种植的，在刨皮之前要用冷水洗净，去掉残存农药。

柠檬曼克蛋糕

❖ 制作难度：简单　❖ 料理花费：便宜
❖ 制作时间：1小时　❖ 用餐人数：4~8人

半个柠檬
4个鸡蛋
150克白砂糖
4克香草味砂糖
60克黄油
100克面粉
半勺泡打粉
少许盐

柠檬糖霜配料
150克糖粉
2汤勺柠檬汁

特殊用具
1个直径22厘米的曼克蛋糕模具（用黄油擦一遍，再撒上少许面粉）

1　烤箱预热到170℃。把柠檬汁挤出待用，把柠檬皮刨成细丝。将蛋白和蛋黄分离。

2　在大碗中放入蛋黄、柠檬皮丝、香草味砂糖和白砂糖，用电动打蛋器搅打到起泡（或用多功能食物搅拌器打匀）。

3　将黄油放入模具中，隔水加热，待黄油熔化后，慢慢倒入装有打发好蛋黄的大碗中，同时像做蛋黄酱那样不停搅拌。把面粉和泡打粉筛一遍，去掉结块，也装入这个大腕中，混合成柔软的面团。

4　在蛋白中加入盐，打发成质地坚挺的蛋白霜，轻柔地拌入面团中。

5　在模具中撒入少许面粉，把面团倒在里面，放到烤箱中层烤制40分钟，然后把温度升到200℃，继续烤制5分钟即可取出脱模。把烤好的蛋糕倒扣在网架上，让热气散掉。

6　制作柠檬糖霜：把糖粉和柠檬汁放入碗中，用木勺搅拌1~2分钟，当颜色变白时，将其用刮刀涂在蛋糕表面。如果时间充裕，可把蛋糕放入烤箱烤几分钟（不要关烤箱门），让表面变干成为糖霜即可。

磅蛋糕

❖制作难度：特别简单　❖料理花费：不太贵
❖制作时间：1小时　❖用餐人数：4人

2个鸡蛋（需要称一下重量）
和鸡蛋同样重量的白砂糖
和鸡蛋同样重量的黄油
和鸡蛋同样重量的面粉
4克香草味砂糖（或柠檬皮丝，也可用
橙子皮丝代替）
半勺泡打粉

少许盐

特殊用具
1个直径18~20厘米的曼克蛋糕模具
（或直径20厘米的普通蛋糕模具）
一个细网眼的筛子
适量铝箔纸

1 烤箱预热到200℃。鸡蛋打散，加入白砂糖用电动打蛋器缓慢地搅打均匀，直到蛋液颜色发白并轻微起泡。

2 把黄油放入小锅中，开火，待黄油熔化后，倒入盛有蛋液的大碗中，继续搅打，让黄油和蛋液完全融合；在碗上放一个细网眼的筛子，把面粉和泡打粉倒入筛子里，轻轻抖动以筛去结块（这样蛋糕的口感会更加绵柔细腻），之后放入香草味砂糖（或柠檬皮丝，也可用橙子皮丝代替）和少许盐，搅拌成质地均匀的面糊。

3 把模具内壁用黄油擦一遍，撒上少许面粉，倒入面糊，放入烤箱烤制40~45分钟。当蛋糕表面开始变成金黄色时，在模具上盖一层铝箔纸。

4 把烤好的蛋糕从烤箱中取出并脱模，倒扣在网架上，待完全晾凉后再食用。

**私房
厨话**
• 各种配料一定要按照顺序进行混合，才能保证成功做出这款蛋糕。

酸奶蛋糕

❖制作难度：非常简单　❖料理花费：便宜
❖制作时间：50分钟　❖用餐人数：6人

1罐原味酸奶
60克黄油
2罐白砂糖
3罐面粉
2个鸡蛋
半袋泡打粉

4克香草味砂糖
少许盐

特殊用具
1个直径18厘米的舒芙蕾烤杯（或夏洛特蛋糕模具）

1　烤箱预热到170℃。

2　把黄油放入模具中，在文火上加热，待黄油完全熔化后即关火。不要让黄油变色。

3　把原味酸奶倒入料理机中；用空的酸奶罐称量2罐白砂糖，倒入料理机中搅打均匀，然后依次放入面粉、泡打粉、鸡蛋、香草味砂糖和盐，和成较硬的面团。

4　向面团中加入黄油，趁黄油变凉前迅速揉匀；把面团装入模具，放入烤箱烤制40～50分钟。烤好后取出脱模。完全晾凉后再食用。

私房厨话

• 有人喜欢用油来代替黄油，不过我个人更偏好黄油熔化后的味道。
• 烤制过程中千万不要打开烤箱，否则蛋糕会塌下去。
• 想换个口味的话，可以用坚果味黄油来制作。

巴巴莱姆酒蛋糕

❖制作难度：简单 ❖料理花费：不太贵
❖制作时间：45分钟 ❖用餐人数：4人

60克白砂糖
3个鸡蛋（分离蛋白和蛋黄）
1汤勺牛奶
125克面粉
1袋酵母粉
1小块榛子大小的黄油

糖浆配料
125克白砂糖
1杯朗姆酒（或樱桃烧酒）

特殊用具
1个大号烤杯

1 在大碗中放入白砂糖和蛋黄，用木勺搅拌，直到蛋黄颜色发白，慢慢地向碗中倒入牛奶，拌一下，再放入面粉和酵母粉，拌成面糊。

2 烤箱预热到170℃。

3 把蛋白打发成质地坚挺的蛋白霜，慢慢地拌到面糊中。

4 把烤杯内壁和底部用黄油擦一遍，倒入面糊，放入烤箱烤制20分钟左右，取出后倒扣在圆盘上。

5 煮制糖浆：锅中放入水和白砂糖，烧开后煮2分钟，关火，加入朗姆酒（或樱桃烧酒）拌匀，浇在蛋糕上即可。

私房厨话

• 面糊烘烤后会膨胀，所以烤杯一定要足够大，面糊不能超过烤杯高度的3/4。

• 这道甜点非常容易学，您不妨让孩子来试试，只需把朗姆酒换作橙子糖浆即可。

• 最好趁蛋糕还热的时候浇上糖浆，这样会更容易吸收。

• 浇上糖浆之后，可在蛋糕表面涂上杏果酱（要比较稀的），这样蛋糕就会闪闪发亮！再点缀上几颗糖渍樱桃或糖渍欧白芷，会显得更专业。

香橙味舒芙蕾

❖制作难度：不那么简单　❖料理花费：不太贵
❖制作时间：50分钟　❖用餐人数：4人

40克黄油
30克面粉
250毫升牛奶（冷藏）
80克白砂糖
4汤勺香橙甜酒

4个鸡蛋（分离蛋白和蛋黄）
少许盐

特殊用具
1个大号舒芙蕾烤杯

1　烤箱预热到170℃。

2　在大号浅口锅中放入30克黄油和面粉，开文火，当黄油熔化并微微冒泡时，向锅中倒入牛奶并不停搅拌，沸腾后继续煮几分钟，关火，加入白砂糖、香橙甜酒和蛋黄，同时用木勺不停搅拌，做成奶浆。

3　在蛋白中加入少许盐，打成质地非常坚挺的蛋白霜，慢慢地拌入奶浆中。

4　将烤杯的底部和内壁都用黄油擦一遍，倒入混合好的奶浆，用抹刀把表面抹平。

5　放入烤箱烤30分钟左右。烤好后立刻上桌。

私房厨话

• 烤杯一定要足够大，奶浆不能超过烤杯高度的3/4。
• 制作舒芙蕾的难点主要在于时间的掌控。烤好后的舒芙蕾如果不立刻上桌，过不了一刻钟的时间就会塌下去。所以，我建议您先做第2~4步，然后把烤杯放入冰箱中待用，开饭前把烤箱打开预热，当主菜用完后（也就是说，您还有30分钟来准备甜点），烤箱也预热好了，此时再开始烤制，这样烤好后就能立刻上桌。

咕咕鲁夫

❖制作难度：难　❖料理花费：不太贵　❖面团醒发时间：2~2.5小时

❖制作时间：1小时　❖用餐人数：4~6人

2小把葡萄干
1杯朗姆酒
20克酵母粉
1袋泡打粉
100毫升牛奶（温热）
250克面粉
1个鸡蛋
12颗杏仁

60克白砂糖
80克黄油
适量糖粉（可不用）
半咖啡勺盐

特殊用具
1个直径20厘米的圆形蛋糕模具（或萨瓦兰蛋糕模具）

1 用热水把葡萄干洗一下，让它们变软，沥干水分后放入碗中，倒入朗姆酒腌制。

2 在大碗中放入酵母粉和3/4的牛奶，拌匀，放入60克面粉，用木勺搅拌成柔软的面团；倒入余下的面粉，不要搅拌，在碗口蒙一块布，放在温热的地方，等1小时左右，让面团鼓起来。如果您用的是泡打粉，直接倒入面粉中即可。

3 把模具内壁和底部用黄油擦一遍，撒上杏仁。

4 当面团膨胀起来后，加入白砂糖、盐和鸡蛋，倒入余下的牛奶、葡萄干及朗姆酒，用手使劲揉几分钟，要把面团反复抻开再揉起以增加弹性。

5 把面团放入模具中，注意高度不要超过模具的一半。在面团表面撒满泡打粉，放到温热的地方，等面团膨胀到2倍大。

6 把烤箱预热到200℃。将模具放到烤箱中部，烤制35~40分钟。取出后待晾凉些即可脱模。最好把蛋糕放在烤架上，让热气彻底散发掉。上桌前，在蛋糕上撒些糖粉。

外交官蛋糕

❖制作难度：简单　❖料理花费：不太贵　❖制作时间：40分钟

❖冷藏时间：1.5小时　❖用餐人数：6人

500克手指饼干　　　　　　　　　4个蛋黄
1杯樱桃烧酒（或朗姆酒）　　　　100克白砂糖
半瓶樱桃果冻　　　　　　　　　　少许盐

奶油配料　　　　　　　　　　　**特殊用具**
500毫升牛奶　　　　　　　　　　　1个舒芙蕾烤杯
7.5克香草味砂糖　　　　　　　　　1张烤盘纸

1　把烤盘纸放入烤杯底部；把手指饼干逐个在樱桃烧酒（或朗姆酒）
　　中蘸过，在烤杯底部摆放一层，再分层依次放入樱桃果冻、手指饼
　　干、樱桃果冻……最上面一层要放手指饼干。摆好后，在顶部压上
　　一件重量合适的物体，放入冰箱冷藏1小时，让樱桃果冻和手指饼
　　干贴合好。

2　制作奶油：把牛奶放入锅中，加入香草味砂糖和盐，开火煮沸；
　　把蛋黄和白砂糖放入碗中，用木勺搅拌，直到颜色微微发白；把
　　牛奶慢慢倒入蛋黄中，同时不停搅拌；倒回锅中，开文火，继续
　　用木勺不停搅拌，注意要不时刮一刮锅底以避免粘锅。当奶油质
　　地变得浓稠而且能包裹住木勺时即关火（千万不要煮沸）。

3　将冷藏好的樱桃果冻和手指饼干倒扣在圆盘上，浇上冷却下来的
　　奶油即可。

**私房
厨话**　　• 奶油一旦煮沸，便会结块，要立刻关火，然后用电动打蛋
　　　　　　器把结块部分搅打开。

圆米布丁

❖制作难度：特别简单　❖料理花费：便宜
❖制作时间：45分钟　❖用餐人数：4人

200克圆米　　　　　　　　　150克白砂糖
750毫升牛奶　　　　　　　　1块核桃大小的黄油
7.5克香草味砂糖　　　　　　少许盐

1 把圆米洗净，放入锅中，加水烧开后继续煮5分钟，捞出沥水。

2 在牛奶中加入香草味砂糖、盐和圆米，用锅盖盖住一半，开小火煮30～35分钟。

3 当圆米完全煮熟后关火，加入白砂糖和黄油拌匀。上桌时可佐以冷牛奶或果酱食用。

私房厨话

• 煮圆米的过程中不用搅拌。为避免圆米粘在锅底，可在开始煮的时候加一汤匙白砂糖。余下的白砂糖一定要等到快煮好的时候再加，过早加白砂糖会让圆米变硬。

• 我有时会加少量糖渍橙皮碎或柠檬皮碎来调味，或在上桌时配以黄油煎苹果片食用。

菠萝蛋奶布丁

❖制作难度：特别简单　❖料理花费：不太贵
❖制作时间：1小时15分钟　❖用餐人数：6～8人

100克白糖（或成品液体焦糖）
1/4个柠檬（取汁）
1个菠萝罐头
200克白砂糖
6个鸡蛋
20克淀粉
3汤勺樱桃烧酒（或朗姆酒）

特殊用具
1个直径16～18厘米的曼克蛋糕模具
（舒芙蕾烤杯或同样大小的皇冠形模具
亦可）

1　熬制糖汁：将白糖（或成品液体焦糖）倒入小锅中，加入少许水，
　　开文火，当糖开始变色时，加入柠檬汁，拌匀后倒入模具中；把模
　　具转动几圈，让糖汁均匀沾满底部，内壁也要沾上一些。晾凉待用。

2　烤箱预热到200℃。

3　用料理机把菠萝罐头打碎成泥状，放入锅中，加入白砂糖和罐头
　　中的糖水，开火煮沸，继续煮2分钟，关火。

4　把鸡蛋在大碗中打成蛋液，分两次加入淀粉并搅拌均匀；在碗中
　　加入樱桃烧酒（或朗姆酒）和煮好的菠萝泥，再次拌匀，倒入模
　　具中。在烤盘中加少量冷水，把模具放在烤盘上，放入烤箱烤制
　　45分钟。烤好后取出，待完全冷却后脱模即可。

**私房
厨话**

• 脱模后，您会发现布丁表面已经烤出漂亮的金黄色，可添
　加几颗樱桃或切成半圆状的菠萝片，让颜色更为丰富，让
　人更有食欲。

• 也可以用新鲜菠萝来制作。

• 可用杏、桃或梨罐头来做其他口味的水果蛋奶布丁。

橙皮布丁

❖制作难度：非常简单　❖料理花费：不太贵　❖制作时间：1.5小时

❖冷藏时间：2～3小时　❖用餐人数：4人

200克干面包
100克葡萄干
500毫升牛奶（煮沸）
100克糖渍橙子皮
150克白砂糖
2～3个鸡蛋（打成蛋液）
半咖啡勺肉桂粉

糖汁配料
10块方糖
1/4个柠檬（取汁）

特殊用具
1个蛋糕模具

1　把葡萄干洗干净，放入热水中浸泡至少15分钟，让葡萄颗粒鼓胀起来。

2　将干面包掰成块，放入大碗中，倒入牛奶，盖上盖子，也浸泡几分钟，让干面包吸饱牛奶；将糖渍橙子皮切成碎丁；将葡萄干取出沥水。

3　把面包块放入料理机打碎，加入白砂糖、蛋液、葡萄干、糖渍橙子皮丁和肉桂粉，做成面包浆备用。烤箱预热到170℃。

4　熬制糖汁：在蛋糕模具中倒入2汤勺清水、挤入几滴柠檬汁，放入方糖，开火，当方糖熔化并即将变成褐色时，立刻关火；晃动模具，让糖汁均匀地粘在内壁上。

5　把面包浆倒进模具中，放入烤箱烤制1小时左右。晾凉后脱模，放入冰箱冷藏后食用。

奶油布丁

❖制作难度：非常简单　❖料理花费：不太贵
❖制作时间：30分钟　❖用餐人数：4人

14～18块手指饼干
100克酸樱桃果冻

糖浆配料
60克白糖
2汤勺樱桃烧酒（或朗姆酒）

英式奶油酱配料
500毫升牛奶

1根香草荚（或7.5克香草味砂糖）
5个蛋黄
40克白糖
少许盐

特殊用具
1个深口盘（或蛋糕模具，圆形或方形皆可）

1　在手指饼干的底面（平的一面）涂一层酸樱桃果冻，然后像三明治那样两两粘合起来，并排着放入深口盘中，之间不要留空隙。

2　制作糖浆：锅中放入1杯水，倒入白糖，开火煮开，加入樱桃烧酒（或朗姆酒）。把煮好的糖浆浇在手指饼干上。

3　制作英式奶油酱：锅中放入牛奶，加入盐和香草荚（或香草味砂糖），开火煮开；把蛋黄和白糖在碗中用搅拌器搅拌均匀，直到混合物颜色开始发白；把牛奶慢慢倒入碗中，拌一下，再倒回锅中，重新开文火加热，同时用木勺（而不是搅拌器）不停搅拌，注意刮一刮锅底以避免粘锅。当奶油酱变得黏稠时即离火，千万不要煮开。

4　将热奶油酱倒在手指饼干上。晾凉后即可食用。

私房厨话
• 因为手指饼干和樱桃烧酒（或朗姆酒）都是甜的，所以制作英式奶油酱时放的糖比通常少一些。

橙味苹果布丁

❖制作难度：非常简单　❖料理花费：便宜
❖制作时间：1小时　❖用餐人数：6~8人

200克干面包
500毫升牛奶
700克苹果
3个鸡蛋（分离蛋黄和蛋白）
100克白砂糖
50克糖渍橙子（切丁）

2汤勺朗姆酒
1~2咖啡勺肉桂粉（可不加）
75克黄油（切小块）

特殊用具
1个直径20厘米的舒芙蕾烤杯

1　把干面包上的皮掰下来，放入料理机中打碎。

2　把面包心也打碎，放入碗中；将牛奶煮开，倒在面包心上，浸泡片刻。

3　把苹果削皮后切成细条。

4　把蛋黄、白砂糖、糖渍橙子丁和朗姆酒都倒入泡好的牛奶面包中，用木勺用力搅拌均匀，加入苹果条；将蛋白打成质地坚挺的蛋白霜，慢慢地拌入牛奶面包中。

5　烤箱预热到230℃。把烤杯用黄油擦一遍，倒入准备好的混合物，将表面抹平，依次撒上打碎的干面包皮、肉桂粉和黄油，放入烤箱烤制30~35分钟。取出后可以直接上桌，无须脱模。热食或冷食皆可。

蛋白霜糖烤苹果牛奶米布丁

❖制作难度：简单　❖料理花费：便宜
❖制作时间：1小时　❖用餐人数：4人

200克圆米
750毫升牛奶
7.5克香草味砂糖
3个苹果
50克黄油（一块稍大，一块核桃大小）

2汤勺干邑
150克白砂糖（约9汤勺）
2个鸡蛋
少许盐

1　把烤箱预热到200℃；将蛋黄和蛋白分离。

2　把圆米洗净，放入沸水中煮5分钟，捞出沥水。

3　把牛奶放入锅中，加入香草味砂糖、盐和圆米，开小火，盖上一半锅盖，煮大约30～35分钟，直到牛奶完全被圆米吸收。

4　把苹果去皮并切成细条。在浅口平底锅中放入一大块黄油，开火，待黄油熔化后，放入苹果条，撒上1汤勺白砂糖，煎十几分钟，让苹果轻微上色，然后倒入干邑。

5　在煮好的圆米中加入6汤勺白砂糖、1块核桃大小的黄油和2个蛋黄，拌匀，倒入烤皿中，把苹果条盖在上面。

6　蛋白中放少许盐，打发成质地坚挺的蛋白霜，然后慢慢地加入余下的白砂糖；把蛋白霜涂到苹果条表面（不要抹平），放入烤箱的上部烤5分钟。烤好后晾一下即可食用。

私房厨话
• 可用梨或香蕉代替苹果。
• 如果是给孩子做，就不需要加干邑了。

橘子米糕

❖制作难度：特别简单　❖料理花费：便宜

❖制作时间：50分钟　❖用餐人数：4人

150克圆米

500毫升牛奶

4克香草味砂糖

75克白砂糖

1个鸡蛋（打成蛋液）

2个橘子（分离皮肉）

1块核桃大小的黄油

少许盐

1 把圆米洗净，放到大锅中，加入水，开火煮沸后继续煮5分钟；倒掉水，向锅中倒入牛奶，加入香草味砂糖和少许盐，盖上一半锅盖，用小火煮开后，继续煮30～35分钟，让牛奶几乎完全蒸发。

2 圆米煮熟后，关火，加入白砂糖、黄油、蛋液，把橘子皮切成碎丁，一同加入并拌匀；放入冰箱冷藏后食用。装盘时配以掰成四瓣的橘子。

私房厨话
- 也可佐以奶油食用。
- 圆米口感软糯，最适合做这道甜点。

焦糖米糕

❖制作难度：特别简单　❖料理花费：便宜
❖制作时间：1.5小时　❖用餐人数：4人

150克圆米

750毫升牛奶

7.5克香草味砂糖

150克白砂糖

1块核桃大小的黄油

2个鸡蛋（打成蛋液）

少许盐

糖汁配料

10块方糖

几滴柠檬汁（可不用）

1 把圆米洗净，放到大锅中，加入水，开火煮沸后继续煮5分钟；倒掉水分，向锅中加入牛奶、香草味砂糖和盐，盖上一半锅盖，用小火煮开后，继续煮30～35分钟，让牛奶几乎完全蒸发。

2 熬制糖汁：在模具中放入方糖、2汤勺水和几滴柠檬汁（可不用），开中火，当方糖熔化并变成棕色时，晃动模具，令内壁也均匀地粘上糖汁。在糖汁颜色变得过深之前即关火。

3 烤箱预热到170℃。

4 圆米煮熟后，关火，加入白砂糖、黄油、蛋液，拌匀，倒入模具中，放入烤箱烤30～45分钟；烤好后取出晾凉，无须脱模。

私房厨话

• 我在煮米的时候会加1～2小把葡萄干。

• 加入柠檬汁后，糖汁会更好地附着在蛋糕上而不是模具内壁上。不过，我有时会省却熬糖汁这一步，只用黄油把模具擦一遍即可。

法式经典烘焙

chapter·04

水果甜点类

焦糖苹果

❖制作难度：非常简单 ❖料理花费：便宜
❖制作时间：15分钟 ❖用餐人数：4人

3个苹果   60克白砂糖
30克黄油   1杯朗姆酒

1 苹果去皮、去核，等分切成瓣。

2 在浅口平底锅中放入黄油，开火，待黄油熔化后，放入切好的苹
   果瓣，用中火煎十几分钟。煎的过程中，要不时把锅晃动一下。

3 快煎好的时候撒上白砂糖，倒入朗姆酒并把酒点燃。盛出后趁热
   食用。

私房
厨话
• 煎的过程中不要搅拌，否则苹果会很容易碎掉。
• 我有时会在出锅前加些用朗姆酒腌制过的葡萄干。

苹果啫喱

❖制作难度：非常简单　❖料理花费：便宜

❖制作时间：1小时15分钟（需提前一天准备）　❖用餐人数：4人

1千克苹果（最好用有点酸的品种）
50克黄油（切成小块并平均分为2份）
150克白糖（平均分为3份）
100克葡萄干（平均分为2份）
半咖啡勺肉桂粉

半个柠檬（取汁）

特殊用具
1个夏洛特蛋糕模具（或舒芙蕾烤杯）

1　苹果去皮后切成细丝并平均分成3份。

2　把模具内部用黄油擦几遍，逐层倒入1份苹果丝、1份白糖、1份葡萄干、1份黄油、半咖啡勺肉桂粉，之后再放入1份苹果丝、1份白糖、1份葡萄干，最后放入余下的苹果丝、白糖和黄油，挤入柠檬汁，用手按紧。

3　烤箱预热到200℃。盖上模具的盖子，放入烤箱烤1小时。烤到一半时间的时候取出，用勺子把苹果丝按紧，放回烤箱继续烤制。

4　取出模具，等次日再脱模，此时苹果丝已经变成果冻状。

私房
厨话

• 比较酸的苹果中的果胶含量要比甜苹果更高，制作起来更容易成功。

外祖母烤苹果

❖制作难度：非常简单　❖料理花费：便宜

❖制作时间：35分钟　❖用餐人数：4人

4个苹果　　　　　　　　　　　2~3汤勺白砂糖
40克黄油

1 把苹果洗净并擦干（不要去皮），用水果刀或苹果去核器去掉核，注意保持余下部分的完整。烤箱预热到200℃。

2 在每个苹果中塞一小块黄油，放入烤盘中，撒上白砂糖，烤制20~30分钟。取出后晾凉一些即可食用。也可放入冰箱冷藏后食用。

私房厨话

- 用水果刀把苹果外皮割开一条螺旋形的切口，烤制过程中就不会爆开了。
- 烤之前，可以在苹果里面先倒1小勺红莓果冻或蜂蜜，再放入黄油。
- 烤好后的苹果皮会皱起来，可在盘中加些碎果干和鲜奶油，这样会显得漂亮些。

糖煮苹果

❖制作难度：非常简单　❖料理花费：便宜
❖制作时间：40分钟　❖用餐人数：4人

1千克苹果　　　　　　　　　　　125克白砂糖

1　把苹果去皮、去核，等分切瓣，放到锅中，盖上盖子，用文火焖
　　30分钟左右。

2　快煮好的时候加入白砂糖，用木勺使劲拌匀，捣成果泥并让白砂
　　糖融化。

**私房
厨话**

- 根据苹果品种的不同，煮制时间也要稍有变化。
- 如果苹果的汁水不多，锅中可加少许水。
- 快焖好的时候，我常会加1块黄油和少许肉桂粉（1/4咖啡
  勺）。您如果不喜欢肉桂粉的味道，可换成香草味砂糖。
- 英国的主妇常加些丁香来提味，您不妨试一试。煮好后要
  把丁香拣出再上桌。
- 把拌好的苹果泥放到料理机中再打一下，口感会更细腻。

橙子沙拉

❖制作难度：非常简单　❖料理花费：便宜　❖制作时间：20分钟
❖冷藏时间：2小时　❖用餐人数：4人

4个橙子（要选捏起来很硬的）　　　　100克白砂糖
几片薄荷叶　　　　　　　　　　　　半杯朗姆酒

1　用水果刀把3个橙子的皮（包括外皮和里面的白瓤）和籽都去掉，
　　将橙子果肉切成圆片，放入碗中；再把另外1个橙子洗干净，不用
　　去皮，直接切成圆片，也放入碗中。

2　将薄荷叶用清水冲净，去掉较硬的梗，切碎后和橙子片拌匀，撒
　　上白砂糖，浇上朗姆酒，放入冰箱冷藏2小时后即可食用。

私房厨话

• 如果是给孩子准备，就不用加朗姆酒了。
• 如果橙子是有机种植的，不用去掉外皮，冲洗干净后直接
　切片即可。
• 如果不喜欢吃橙子皮，可以把皮都去掉，只保留一小块并
　切成碎末，拌入橙子果肉片中来提味。
• 可以加少量柚子肉。因为柚子比较酸，可以多放点白砂糖。
• 沙拉表面可撒些鲜薄荷叶或糖渍樱桃来装饰。

杏仁糖

❖ 制作难度：非常简单   ❖ 料理花费：贵
❖ 制作时间：35分钟   ❖ 用餐人数：4～6人

250克杏仁（最好不要去皮）
250克白糖
1/4咖啡勺肉桂粉（可不用）
少许花生油

特殊用具
1个大号烤盘

1　将烤盘用花生油擦几遍。烤箱预热到100℃。

2　把杏仁表皮擦干；在中号厚平底锅中放入125毫升水和白糖，开中火煮沸；当糖浆出现大的气泡时，放入杏仁和肉桂粉（可不用），煮15分钟左右，不时搅动一下；当糖汁开始变成颗粒状的时候，关火；等1分钟，加入1汤勺冷水，重新开火并搅拌均匀，继续煮1～2分钟，让糖汁变得闪亮。

3　把裹好糖汁的杏仁倒在烤盘中并摊开，放入烤箱烤5分钟，让糖汁变硬。

4　等杏仁糖稍微凉一些的时候即可分成小块。待完全晾凉后食用。

私房
厨话

• 熬糖汁的时候一定要格外留心，不要熬太久，否则糖汁会变糊。

新鲜水果沙拉

❖制作难度：非常简单　❖料理花费：便宜　❖制作时间：20分钟
❖冷藏时间：2小时　❖用餐人数：4人

2根香蕉　　　　　　　　　　　　　2个橙子
2个苹果　　　　　　　　　　　　　70克白砂糖
半个柠檬（取汁）　　　　　　　　　3勺樱桃烧酒或朗姆酒（可不用）

1　香蕉去皮后切成厚片，放入碗中，立刻挤入柠檬汁以防止变色。

2　苹果去皮后切成四瓣，去掉核，切成细丝；把1个橙子削去皮，并
　　尽量把里面的白瓤也去掉；把另一个橙子彻底洗净但不用去皮；
　　将两个橙子都切成薄片。

3　将所有水果都放入大碗中，撒上白砂糖，按个人口味倒入适量樱
　　桃烧酒或朗姆酒（可不用），放入冰箱冷藏片刻即可食用。

私房
厨话
- 如果是为孩子准备，可用香草味砂糖来代替烧酒，或把橙
　子皮切碎后拌入沙拉中。
- 最好使用应季水果。不过，香蕉和橙子一年四季都可作为
　基础配料。

苹果梨酥

❖制作难度：非常简单 ❖料理花费：便宜
❖制作时间：45分钟 ❖用餐人数：4人

2个苹果　　　　　　　　　　4汤勺面粉
2个梨　　　　　　　　　　　6汤勺白砂糖
60克黄油（切小块）　　　　半咖啡勺盐

1 把苹果和梨去皮，切成小块；把烤盘用黄油擦一遍，放入苹果块和梨块。烤箱预热到200℃。

2 在大碗中放入面粉和黄油，揉搓成面团，加入白砂糖和盐，继续揉搓，直到面团变为发干的粗砂状，撒到水果块上，放入烤箱烤制30分钟。晾凉一些后即可食用。如果一次吃不完，可放入冰箱冷藏。

私房
厨话

• 如果您是初学者，这道甜点最适合来练手了。虽然做法很简单，但味道不输于任何其他精美的水果酥挞。

• 也可用杏、李子、桃等水果来做。

• 烤好后无须脱模，把烤盘直接端上桌即可。

美味烤梨

❖制作难度：非常简单　❖料理花费：不太贵　❖制作时间：1小时
❖冷藏时间：1.5小时　❖用餐人数：6～8人

1个梨罐头

10块手指饼干

2勺梨烧酒（朗姆酒或橙子酒亦可）

500毫升牛奶

125克白糖

7.5克香草味砂糖

4个鸡蛋

25克黄油（切小块）

少许盐

特殊用具

1个直径22厘米的舒芙蕾烤杯（或曼克蛋糕模具）

1 取出罐头中的梨块并沥干，呈花形摆放入模具中，让切面朝下。

2 把手指饼干在梨烧酒（朗姆酒或橙子酒亦可）中蘸一下，摆在梨块上。把烤箱预热到230℃。

3 锅中加入牛奶、白糖、香草味砂糖和盐，开火煮沸；把鸡蛋在碗中搅打成蛋液。把煮沸的牛奶倒入蛋液中，同时用打蛋器不停搅打。

4 将搅打好的牛奶蛋液倒入模具中，要把手指饼干完全浸没；撒入黄油。

5 在烤盘中加入适量水，把模具放在烤盘上，放入烤箱隔水烤制45分钟。如果蛋液表面的颜色很快变深，您要赶快取出，蒙上一张铝箔纸再继续烤制。烤好后待完全晾凉再脱模。

私房厨话

- 鲜梨在烘烤时会出水太多，因此梨罐头更适合用来制作这道甜点。
- 要用甜型的烧酒。一般的烈酒适用来给水果沙拉或火焰薄饼调味，但不适于烘烤，因为在烤制过程会散发掉大半香气。

海伦巧克力甜梨

❖ 制作难度：非常简单　❖ 料理花费：不太贵
❖ 制作时间：40分钟　❖ 用餐人数：4人

4个大梨（或8个小梨）
半个柠檬

糖汁配料
125克白砂糖

7.5克香草味砂糖

巧克力酱配料
125克黑巧克力（掰碎）
一块核桃大小的黄油

1　把梨去皮，对半切开，去掉核；用柠檬把梨肉表面擦一下，避免变色。

2　锅中放入500毫升水，加入白砂糖和香草味砂糖，开火煮沸后放入梨块，煮15～25分钟，当梨块变透明时关火，待其晾凉后捞出沥水，放入盘中，冷藏2～3小时。煮梨的糖水留在锅中待用。

3　开饭前，把糖水重新加热，沸腾后继续煮5分钟，把糖汁收浓。

4　煮巧克力酱：在浅口平底锅中放入黄油及黑巧克力碎，开文火，待黄油和巧克力都熔化后，加入2~3汤勺糖汁并拌匀，浇在梨块上即可。

**私房
厨话**

• 要买比较硬的梨。

• 应根据梨的成熟程度适当调整煮制时间。如果时间很紧，可用梨罐头代替。

• 不妨提前一天煮好梨块，放入冰箱冷藏，开饭前再煮巧克力酱即可，因为这一步只需5分钟。

冷热西梅

❖制作难度：特别简单 ❖料理花费：便宜 ❖制作时间：30分钟
❖晾制时间：2小时 ❖用餐人数：4人

250克西梅干
2杯干红葡萄酒
75克白砂糖
7.5克香草味砂糖（或一根香草荚，对半剖开）

4人份香草味冰激凌球

特殊用具
4个小杯（或玻璃盏）

1 把西梅干洗净，放入碗中，用温水浸泡2小时。

2 把泡软的西梅放入锅中，倒入干红葡萄酒和2杯水，放入白砂糖和香草味砂糖（或香草荚），开火，待水沸腾后继续煮30分钟左右。

3 捞出西梅，分装入小杯（或玻璃盏）中，加入香草味冰激凌球；把煮西梅的红酒糖汁重新煮沸片刻，以收浓糖汁些，浇在冰激凌球上即可。

私房
厨话
• 如果不喜欢香草的味道，可改用肉桂、橙子皮、丁香（2~3粒即可）或薄荷叶来提味。

茶香朗姆酒糖渍水果

❖ 制作难度：特别简单　❖ 料理花费：贵
❖ 制作时间：45分钟（提前1天准备，腌制1个月）　❖ 用餐人数：4人

1升浓茶水
750克西梅
400克杏干
500克无花果干
100克葡萄干
100克核桃仁（最好是鲜的）
750毫升白朗姆酒

糖浆配料
150克白糖

特殊用具
2个容量1升的带盖子的玻璃罐

1　煮好浓茶水，放入西梅和杏干浸泡过夜。

2　制作糖浆：锅中放入200毫升水和白糖，烧开后继续用小火煮5分钟，晾凉备用。

3　次日，把西梅和杏干取出沥水；把无花果干和葡萄干洗净并擦干；把所有果料和核桃仁混合均匀并分装入两个玻璃罐。

4　把糖浆分别倒入两个玻璃罐，用白朗姆酒把罐子装满，盖上盖子，腌制至少1个月后开罐食用。

私房
厨话
• 盖子一定要保证密封良好。

莫城美味菠萝

❖制作难度：难　❖料理花费：贵　❖制作时间：1小时

❖装盘时间：10分钟　❖用餐人数：4人

1个菠萝
100克白砂糖
1杯樱桃烧酒
250克草莓

香缇奶油霜配料
100毫升鲜奶油
7.5克香草味砂糖

1　把菠萝沿纵向切成两半；用刀贴着菠萝皮将果肉切下来，但不要把菠萝皮弄坏；将菠萝肉切成小丁，放入碗中，加入白砂糖和樱桃烧酒，放入冰箱冷藏30分钟。把菠萝皮也放入冰箱。

2　把草莓洗净，沥干，摘去蒂部。

3　制作香缇奶油霜：把一只大碗事先放入冰箱冷藏（或冷冻一下），用时取出；在碗中放入鲜奶油，用电动打蛋器搅打；当奶油质地开始变得浓稠时，加入香草味砂糖，继续搅打；当奶油变得蓬松而且能附着在搅拌头上时，立刻停止搅打，放入冰箱冷藏待用。如果手工打发，请用搅拌头比较长的打蛋器慢速搅打，让空气尽可能多地进入奶油中。

4　选出质量最好的几颗草莓作为装饰用，将余下的草莓和菠萝丁拌匀，分装入2个菠萝皮中，将奶油霜舀在上面，再加上做装饰的草莓，放入冰箱，上桌时取出即可。

私房
厨话

• 要挑选熟得刚好的菠萝，叶子呈绿色，表皮颜色均匀，介于橙色和棕色之间。如果皮上有棕色的斑，说明熟得太过了。

焦糖菠萝蛋糕

❖ 制作难度：简单　❖ 料理花费：不太贵

❖ 制作时间：1小时　❖ 用餐人数：6～8人

1个菠萝罐头

面团配料
100克白砂糖
4克香草味砂糖
2个鸡蛋
100克黄油（软化，切小块）
100克面粉
1平咖啡勺酵母粉

1/4咖啡勺盐

糖汁配料（也可使用成品液体焦糖）
80克白砂糖
2汤勺菠萝罐头糖水
1/4个柠檬（取汁）

特殊用具
1个直径20～22厘米的蛋糕模具

1　将白砂糖和菠萝罐头糖水倒入模具中，开火加热；当糖开始变色时，加入柠檬汁，立刻把模具倾斜并晃动几圈，以便让糖汁均匀地粘满模具内部。晾凉待用。为了节省时间，也可用成品液体焦糖代替，把适量液体焦糖直接倒入模具并使其均匀布满模具内部即可。

2　把鸡蛋磕入碗中，加入白砂糖和香草味砂糖，用电动搅拌器打成光滑的奶油，加入黄油，再放入面粉、酵母粉和盐，揉成质地较硬而且表面光滑的面团。

3　烤箱预热到200℃。把菠萝罐头沥水，放到模具底部；将面团放在菠萝片上；把模具在桌上墩几下，让面团自然摊平，放入烤箱烤制45～50分钟。快烤好前，如果有必要的话，在模具表面蒙上一张铝箔纸。

4　烤好后立刻取出并脱模。把蛋糕放在网架上，让水蒸气彻底散发掉。

糖渍醋栗

❖制作难度：特别简单　❖料理花费：不太贵　❖制作时间：40分钟
❖冷藏时间：30分钟　❖用餐人数：6人

500克红醋栗或白醋栗　　　　　　　1个柠檬（取汁）
几汤勺白砂糖

把醋栗洗净，沥干水分，放入大碗中，用叉子去掉硬杆，加入白砂糖和柠檬汁，冷藏30分钟。上桌前取出并拌匀。

樱桃烧酒味菠萝

❖制作难度：特别简单　❖料理花费：不太贵
❖制作时间：10分钟　❖用餐人数：4人

4片菠萝罐头　　　　　　　　　　　4咖啡勺樱桃烧酒
4颗糖渍樱桃　　　　　　　　　　　适量罐头糖水

准备4个小盘子。在每个小盘中放入1片菠萝、1颗糖渍樱桃，浇上1汤勺樱桃烧酒和罐头糖水，冷藏后上桌。

私房厨话

• 也可以用朗姆酒或干邑来代替樱桃烧酒。

香蕉船冰激凌

❖制作难度：特别简单　❖料理花费：不太贵
❖制作时间：10分钟　❖用餐人数：4人

适量新鲜的杂色水果
几汤勺果酱
4个冰激凌球

4根香蕉
几汤勺鲜奶油
4块蛋白脆饼（或小饼干）

1　准备4个小碟。把比较大的水果（比如杏、桃、梨等）切成小块，和其他水果（樱桃、覆盆子、草莓等）一起拌匀，分装入小碟中。

2　在每个小碟中依次放入冰激凌球、香蕉（沿纵向剖成两半），浇上适量果酱和鲜奶油（奶油不要太浓稠），最后插上1块蛋白脆饼（或小饼干）即可上桌。

私房厨话

• 香蕉和冰激凌是这道甜点的基本食材。除此之外，您尽可以发挥想象力！

香蕉薄饼

❖制作难度：简单　❖料理花费：不太贵
❖制作时间：30分钟　❖用餐人数：8人

面浆配料
50克面粉
2个鸡蛋
半咖啡勺盐
2大杯水（或牛奶）
1汤勺油
15克白糖

馅料
4根香蕉（要选比较硬的）
30克黄油
75克白砂糖
2~3小杯朗姆酒

1 把制作面浆的所有配料放入大碗中，用电动打蛋器搅打均匀。如果用木勺搅拌的话，就要把水（或牛奶）分几次逐渐加入。如果有时间，把面浆在凉爽的地方放置30分钟。

2 把浅口平底锅用黄油擦一遍。开旺火，依次将面浆煎成8张薄饼。为防止粘连，每煎好一张后，把薄饼放入盘中，撒上白砂糖，再在上面叠放下一张。

3 把香蕉去皮并沿纵向剖成两半；在每张薄饼上放半根香蕉，放入黄油，撒上5克白砂糖，卷起来，放入长盘中，然后放入烤箱保温。

4 将朗姆酒倒入小锅中，加入余下的白砂糖，开火煮沸后立刻把酒点燃，浇在煎饼上，立即上桌，趁热食用。

私房厨话
• 建议您把薄饼与朗姆酒分开上桌，当着客人的面，把酒淋在薄饼上并点燃，大家一定会开心的！

火烧朗姆酒香蕉

❖ 制作难度：非常简单 ❖ 料理花费：不太贵
❖ 制作时间：15分钟 ❖ 用餐人数：4人

4根香蕉（要选比较硬的） 80克白砂糖
30克黄油 1~2小杯朗姆酒

1 香蕉去皮后沿纵向切成两半。

2 浅口平底锅中放入黄油，开文火，待黄油熔化后，把香蕉放入，
每面煎3~4分钟。

3 把香蕉放到预热过的盘子里，撒上适量白砂糖。把朗姆酒倒入小
锅中，加入少量白砂糖，开火，待刚刚煮沸时即把酒点燃，随即
倒在香蕉上，立刻上桌。

**私房
厨话**

- 要挑选比较硬的香蕉，香蕉皮呈淡黄色而且没有斑点。过
  熟的香蕉在煎制的时候很容易烂掉。
- 盘子应该是热的，否则朗姆酒接触到冷盘子后会熄灭，使
  得燃烧不充分。
- 如果是给孩子制作，需要把朗姆酒换成橙汁。
- 下面是"马提尼火烧朗姆酒香蕉"的做法：在加热朗姆酒
  的锅中放入橙汁、葡萄干和1粒丁香，煮沸片刻，让丁香和
  葡萄干的味道充分融入酒中，然后把酒点燃，倒在香蕉上，
  把丁香捡出丢掉即可上桌。

奶油覆盆子杯

❖制作难度：简单　❖料理花费：不太贵
❖制作时间：30分钟　❖用餐人数：4人

500克覆盆子
几汤勺白砂糖

香缇奶油配料
150毫升鲜奶油
15克香草味砂糖

1　把覆盆子用水冲净（不要浸泡），沥干水分，去掉蒂部。

2　制作香缇奶油：把鲜奶油和香草味砂糖放入预先冷冻过的碗中，用电动打蛋器打发。一定要低速打发，以便让尽量多的空气进入奶油中。当奶油出现很多泡沫而且能挂在搅拌头上时，立刻停止搅拌，否则奶油会消泡而变成黄油。打好后放入冰箱冷藏。

3　把覆盆子放入大碗中，和冷藏好的香缇奶油及白砂糖一起上桌，食用前拌匀即可。

私房厨话

- 我会在洗好的覆盆子中挤入一些柠檬汁，这样果味会更浓郁。
- 如果是手工打发，要选择搅拌头比较长的打蛋器。
- 可在打好的香缇奶油中加入椰子肉碎、青柠檬皮屑或姜丝等。
- 也可在未打发的鲜奶油中加些香草味砂糖或巧克力碎来代替香缇奶油。
- 要等到临食用前再拌入奶油。

雷司令白葡萄酒果冻

❖制作难度：简单　❖料理花费：不太贵

❖制作时间：1.5小时+冷藏过夜　❖用餐人数：4～6人

500克杂色水果与坚果（樱桃、草莓、覆盆子、葡萄、黄香李、菠萝、桃、核桃仁等）
6片明胶
250克鲜奶油（可不用）

糖浆配料
125克白糖
1汤勺柠檬汁
适量雷司令白葡萄酒

特殊用具
1个直径16～18厘米的夏洛特蛋糕模具

1　把白糖、柠檬汁和雷司令白葡萄酒倒入锅中，开文火，待煮沸后立刻关火。

2　把明胶片放入碗中，倒入冷水，待其变软后取出，放入糖浆，用木勺搅拌均匀。

3　在模具中倒入一薄层（约1厘米高）的糖浆，放入冰箱冷藏30分钟。把余下的糖浆也放入冰箱。将水果与坚果去皮、核，大的切小丁。

4　把模具取出，在已经凝固的糖浆上放一层水果，再倒入适量糖浆，放回冰箱冷藏10分钟，让刚倒上的这层糖浆凝固；重复上面的步骤，直到装满模具为止；蒙上保鲜膜，放入冰箱冷藏过夜。

5　脱模前，把模具底部在热水中浸泡几秒钟，之后揭掉保鲜膜，将厨刀贴着模具内壁插进去并移动一周，在模具顶部盖上一个盘子，和模具一起翻转过来，把模具提起，里面的果冻就会留在盘子中了。放入冰箱冷藏，上桌前取出即可。

糖拌草莓

❖ 制作难度：特别简单　❖ 料理花费：不太贵
❖ 制作时间：10分钟　❖ 用餐人数：4人

500克草莓　　　　　　　　　几汤勺白砂糖（或鲜奶油）

把草莓洗净（但不要在水中浸泡），沥干水分，去掉蒂部，放进碗里，在冰箱中冷藏，待食用时取出，把白砂糖（或鲜奶油）装入小碗，与草莓同时上桌。

私房厨话

- 此方法也可以制作糖拌覆盆子。
- 雨天采摘的草莓会很快变坏。买回草莓后如果不马上食用，应该立刻放入碗中，蒙上保鲜膜，放入冰箱冷藏室的最上层，等吃的时候再取出洗净。
- 可以把草莓叶洗净，铺在碗底作为装饰，上面摆放草莓。

罗曼诺夫草莓

❖制作难度：简单　❖料理花费：不太贵　❖制作时间：30分钟
❖冷藏时间：2小时　❖用餐人数：4人

500克草莓
3汤勺库拉索烧酒（或其他柑橘味的烈酒）
1个橙子（取汁）
1个柠檬（取汁）
40克白砂糖

奶油霜配料
200毫升鲜奶油
1~2汤勺牛奶
7.5克香草味砂糖

1　把鲜奶油放入冰箱冷藏。

2　把草莓洗净（但不要在水中浸泡），沥干水分，去掉蒂部，放进大碗中，倒入库拉索烧酒（或其他柑橘味的烈酒）、橙汁和柠檬汁，再撒上白砂糖，蒙上保鲜膜，放入冰箱冷藏室的最上层（是冰箱里温度最高的地方）。

3　开饭前，把鲜奶油从冰箱取出，如果太浓稠，可加入适量牛奶来稀释一下。放入香草味砂糖，用打蛋器搅打，直到奶油可以附着在搅拌头上。把打好的奶油霜放回冰箱继续冷藏，等到上甜点的时候，将草莓取出，分装入小碗，再放上适量奶油霜即可。

草莓慕斯

❖制作难度：特别简单 ❖料理花费：不太贵 ❖制作时间：10分钟
❖冷冻时间：3小时 ❖用餐人数：4人

150毫升鲜奶油
330毫升牛奶
500克草莓
100克白砂糖
7.5克香草味砂糖

半个柠檬（取汁）

特殊用具
4~6个浅口小碗

1 把鲜奶油、牛奶放入冰箱冷藏。把草莓洗净，去掉蒂部，放进大碗中，加入白砂糖和柠檬汁，打成很稀的果泥。

2 打发奶油：把冷藏好的牛奶倒入鲜奶油中，加入香草味砂糖，用打蛋器搅打，当奶油中出现很多泡沫并且可以附着在搅拌头上即可。

3 用刮铲将果泥轻柔地拌入奶油中，放入冰箱冷冻室冷冻至少3小时。上桌前取出，分装入小碗即可。

 私房
厨话

• 如果不是鲜草莓上市的时节，可用冷冻草莓来代替，不过口味会没那么细腻。

• 可以不用牛奶而仅用鲜奶油来制作打发奶油。

• 冷藏过程中要把冰箱温度调至最低。

惊喜甜瓜

❖制作难度：特别简单　❖料理花费：不太贵　❖制作时间：20分钟
❖冷藏时间：1小时　❖用餐人数：4人

1个甜瓜（要选大个并且熟透的）
200克树莓
200毫升甜型白葡萄酒
80克白糖
1杯樱桃烧酒

20颗樱桃（或葡萄）
1个苹果
1个梨
1小罐菠萝罐头

1 把树莓用甜型白葡萄酒腌制至少1小时，之后沥干水分，压成泥状
（最好用料理机打碎）；把腌树莓的白葡萄酒过滤一下，加入白糖、
樱桃烧酒和树莓果泥。

2 把樱桃去核（如果用葡萄的话，则剥去皮）；将苹果和梨削去皮，
和菠萝罐头一起都切成大丁；把所有水果放入大碗中。

3 将甜瓜底部切除一小片（使其可以立住），注意不要切到果肉，再
在顶部切下一厚片（不要丢掉），用勺子去掉瓤，用水果挖球器把
果肉挖成一个个小球（不要把皮挖坏），和其他水果拌匀，蒙上保
鲜膜，和甜瓜皮一起放入冰箱冷藏。

4 上桌前取出，把所有水果装入甜瓜皮中，再盖上切掉的甜瓜顶部
即可上桌。

**私房
厨话**
• 在厨具店可以买到水果挖球器。用咖啡勺代替也可以。

奶油蜜桃

❖制作难度：特别简单　❖料理花费：不太贵　❖制作时间：15分钟
❖冷藏时间：2～3小时　❖用餐人数：4人

2汤勺红色水果果酱（或果冻）　　　4人份冰激凌
2汤勺樱桃烧酒　　　　　　　　　　适量冰块
4个桃（或桃罐头）　　　　　　　　适量鲜奶油（可不用）
1汤勺杏仁片

1 把果酱（或果冻）和樱桃烧酒倒入锅中，开文火加热片刻，使果
酱熔化即可。

2 把桃去掉皮、核，切成块（如果是桃罐头，取出沥水）。

3 把冰块分装入4个小杯，再分别加入冰激凌桃肉块，浇上果酱和鲜
奶油，撒上杏仁片即可上桌。

私房
厨话
- 把桃放入沸水中浸泡几秒钟，这样就很容易剥皮了。
- 可以把鲜奶油搅打一下，舀取适量，放在桃肉块上。也可
以撒些开心果碎、玫瑰硬糖碎或鲜薄荷叶碎。

布列塔尼风味橙花沙布雷

❖制作难度：简单　❖料理花费：不太贵　❖制作时间：30分钟
❖面团醒发时间：1小时　❖可做：24块

150克面粉
100克黄油（切小块）
75克白砂糖
1个鸡蛋（或2个蛋黄）
1汤勺欧白芷蜜饯（切碎）

1咖啡勺橙花烧酒

特殊用具
1个圆口玻璃杯（或1个直径4厘米的不锈钢无底模具）

1　把面粉、白砂糖和黄油混合起来，再用手掌反复按压并搓揉，当面团变成粗砂状时，立刻放入鸡蛋（或蛋黄）、欧白芷蜜饯和橙花烧酒，继续搓揉片刻，但时间不要过久，否则面团会变得太硬（即使不够光滑或不够均匀也没有关系）。放入冰箱冷藏1小时。

2　烤箱预热到170℃。把面团擀成0.5厘米厚的面皮；把一个圆口玻璃杯（或不锈钢无底模具）倒扣在面皮上，用刀沿着杯沿切出一些圆片。

3　将烤盘用黄油擦一遍，放入圆面片，在烤箱中烤制10～12分钟；取出后待不烫手时揭下来，放在网架上彻底晾凉即可食用。如果一次吃不完，可以放入铁盒保存。

私房
厨话
• 面团揉好后可放入冰箱冷冻保存，用时提前取出解冻即可。如果想缩短解冻时间，可以先擀成合适厚度的面皮再冷冻。

诺曼底风味烤苹果

❖ 制作难度：简单　❖ 料理花费：不太贵
❖ 制作时间：1小时　❖ 用餐人数：4人

4个中等大小的苹果
4咖啡勺杏果酱
4块核桃大小的黄油
1杯苹果烧酒（可不用）
1个鸡蛋（打散）

黄油酥皮配料
250克面粉

半咖啡勺盐
125克黄油（切小块）

特殊用具
一个苹果去核器
适量铝箔纸

1 最好提前一天制作黄油酥皮面团。把面粉、盐和黄油都放到大碗里，用手掌搓揉到一起，加入大半杯水，用很快的动作把面团抻拉、揉成团，再抻拉、再揉成团，反复三次即可；用铝箔纸把面团包起来，放在冰箱里冷藏过夜。

2 把烤箱预热到260℃。把面团擀平，切出4大片方形面皮，大小要能足够包住一个苹果。

3 把苹果去皮后用去核器去掉果核（不要切块），放到面皮中部；在苹果中间的孔里塞入杏果酱、黄油和几滴苹果烧酒（可不用）；将面皮四角提起并捏合到一起。

4 在刚才切掉的面皮边角中再切出4个小圆片，在其中一面上涂适量鸡蛋液，分别盖在4个"苹果包"的顶部，用手按一按，让圆片粘牢。

5 将烤盘用黄油擦一遍，放入"苹果包"，用刷子蘸取鸡蛋液把外皮刷一遍；放入烤箱，烤制30～35分钟。取出后晾凉一些即可食用。

葡萄干杏仁白奶酪

❖制作难度：特别简单　❖料理花费：不太贵　❖浸泡葡萄干的时间：1小时
❖制作时间：15分钟　❖用餐人数：4人

250克白奶酪（冷藏）　　　　　　　　2~3汤勺牛奶（冷藏）
50克葡萄干　　　　　　　　　　　　　50克杏仁片
1小杯朗姆酒　　　　　　　　　　　　　75克白砂糖

1　把葡萄干用朗姆酒浸泡1小时。

2　把白奶酪和牛奶从冰箱冷藏室取出后立刻倒入大碗中，用打蛋器
　　　搅打片刻，加入葡萄干、朗姆酒、白砂糖和杏仁片，用勺子搅匀，
　　　分装入小碗即可上桌。

糖煮杏干

❖制作难度：特别简单　❖料理花费：不太贵　❖杏干浸泡时间：一整夜
❖制作时间：30分钟　❖用餐人数：4人

250克杏干   75克白砂糖

1　把杏干洗净，放入大碗中，倒入大量水，浸泡一整夜。

2　把泡好的杏干倒入锅中，加入浸泡杏干的水，水量要刚好没过杏干；放入白砂糖，开小火煮沸后继续煮30分钟。上桌前分装入玻璃杯，可插入一块手指饼干或撒些切碎的马鞭草提味。

私房
厨话
• 煮制时可加入一根香草荚或1小袋（7.5克）香草味砂糖来提味。

糖煮西梅干

❖制作难度：特别简单　❖料理花费：便宜　❖西梅干浸泡时间：几小时（或一整夜）
❖制作时间：40分钟　❖用餐人数：4人

250克西梅干   75克白砂糖

1　把西梅干洗净，放入碗中，用水浸泡几小时（或一整夜）。

2　把泡好的西梅倒入锅中，加入2杯浸泡西梅干的水，放入白砂糖，开小火煮沸后继续煮20～30分钟。

火烧糖煮苹果

❖制作难度：特别简单　❖料理花费：不太贵
❖制作时间：35分钟　❖用餐人数：4人

600克苹果（要选择硬一些的，如金冠　60克白砂糖
苹果）　　　　　　　　　　　　　　　2杯苹果烧酒
50克黄油　　　　　　　　　　　　　200毫升鲜奶油

1　把苹果洗净、去皮，先切成四瓣，去掉核，再切成1厘米厚的片。

2　在大号浅口平底煎锅中放入黄油，开中火，待黄油熔化而且颜色
　　开始变深时，放入苹果片。要不时将锅晃动一下以避免粘锅。不
　　要搅动，否则苹果片会变成苹果泥。

3　当苹果片开始变成金黄色时，盖上锅盖，调至文火，焖15～20分
　　钟（根据苹果的品种可适当调整时间）。

4　关火前加入白砂糖，晃动煎锅，尽量让糖汁和苹果片混合均匀，
　　趁热倒入苹果烧酒，把酒点燃，立刻上桌并佐以鲜奶油食用。

**私房
厨话**　　• 如果糖煮苹果已经凉下来，不要再直接往上倒烧酒，因为
　　　　　　这样酒的燃烧会不充分。应该先把酒倒入空锅中，开火煮
　　　　　　沸，点燃后再倒在苹果上。

糖煮杂色水果

❖制作难度：特别简单　❖料理花费：便宜
❖制作时间：45分钟　❖用餐人数：4人

1千克杂色水果（苹果、梨、桃、梅子、　　200克白砂糖
樱桃等）　　　　　　　　　　　　　　　7.5克香草味砂糖

1　把水果洗净。如有必要，去掉皮、籽。

2　把所有水果放入锅中，加入白砂糖和香草味砂糖，开中火，煮
　　30～45分钟，不要盖盖子，直到水果都变得软烂即可。

私房
厨话
• 不要煮得过久，否则水果的味道会变差。
• 白砂糖的分量可以根据水果的成熟度适量调整。

杏子酱

❖制作难度：特别简单 ❖腌制时间：12小时 ❖料理花费：不太贵
❖煮制时间：15分钟 ❖用餐人数：多人食用

1千克杏（去核）　　　　　　　　　半个柠檬（取汁）
1千克白糖

1　提前一天把杏切成两半，去核，放入碗中，撒上白糖腌制一夜。

2　次日，把杏连同腌出的汁水倒入锅中，开火煮沸后继续煮15分钟；
　　关火前5分钟，挤入柠檬汁，拌匀，趁热分装入小罐中并盖好盖子。

私房
厨话

• 可以把杏酱涂抹在烤好的挞皮的表面来作为装饰，也可替
代新鲜水果来作为水果酥挞的馅料（在生的挞皮上摊开，
再在上面叠放一些长条形的面皮，放入烤箱烤制即可），成
本要便宜得多。

杂色果酱

❖制作难度：特别简单　❖煮制时间：15～20分钟
❖料理花费：不太贵　❖用餐人数：多人

1千克杂色水果（去核）　　　　　　1千克白糖

1　锅中放入水，加入白糖，搅匀，开小火，当水开始沸腾时，放入
　　水果，把火调大，待再次烧开后，继续煮15～20分钟。不时搅拌
　　一下。

2　用漏勺把煮好的果酱分装入小罐；将锅中余下的果汁继续煮开5分
　　钟，倒入小罐，立刻盖上盖子并拧紧密封，待食用时再打开。

私房
厨话
•　可用以下方法来为蛋糕装饰：将适量果酱放入小锅中，用
　　木勺搅开，开小火，加上少量水或烈酒，用打蛋器打匀，
　　趁热用刷子蘸取，涂在蛋糕表面。

榅桲果冻

❖ 制作难度：特别简单 ❖ 料理花费：不太贵

❖ 预煮时间：30分钟 ❖ 煮制时间：20分钟 ❖ 用餐人数：多人

1千克榅桲   1根香草荚（可不用）

适量白砂糖（每升果汁需要1千克白砂糖） 1个柠檬（取汁）

1 除非榅桲确实很脏，否则不要洗，用布擦净即可。切成块，不要
   去皮和核。

2 把榅桲块放入锅中，倒入水，刚好没过榅桲块即可；开火煮沸，
   直到榅桲变软。

3 把筛网放在另一口锅上，将榅桲块和果汁一起倒入筛网，待果汁
   自然流净后，用手按一下榅桲果肉，把里面的汁水挤出去。

4 用量杯量一下果汁的分量，倒入煮榅桲的锅中，加入白砂糖（按
   每升果汁加1千克白砂糖的比例）和香草荚（可不用），开旺火煮
   沸后继续煮20分钟左右。关火前挤入柠檬汁。趁热分装入小罐，
   把盖子盖严。

私房厨话

• 关火前要先看看是否已经煮好：从锅中舀出一点倒在盘中，
  冷却后若结成稀果冻状，就说明煮好了，否则还要继续煮
  几分钟。

• 可以用500克榅桲加500克苹果来制作。

香蕉慕斯

❖制作难度：简单　❖料理花费：便宜　❖制作时间：15分钟

❖冷藏时间：30分钟　❖用餐人数：4人

2根香蕉　　　　　　　　　　　　2个鸡蛋（分离蛋白和蛋黄）

60克白砂糖　　　　　　　　　　少许盐

1 把香蕉去皮后捣成泥，放入小锅里，立刻加入白砂糖和蛋黄，用木勺搅拌均匀。

2 把小锅放入盛有水的大锅中隔水加热，用木勺继续搅拌2～3分钟，当混合物变得浓稠即刻关火。

3 在蛋白中加入盐，用打蛋器打成质地坚挺的蛋白霜，慢慢地拌入香蕉泥中；分装入4个小碗中，冷藏后上桌食用。

私房厨话 • 不要提前很久来准备，否则蛋白霜会消泡并产生很多液体，让慕斯的口感变差。

柠檬慕斯

❖制作难度：特别简单　❖料理花费：便宜　❖制作时间：20分钟
❖冷藏时间：1～2小时　❖用餐人数：4人

50克白砂糖
15克淀粉
2个柠檬
2个蛋黄
少许盐

蛋白霜配料
2个蛋白
少许盐
60克白砂糖

特殊用具
4个小杯

1　锅中放入白砂糖、1杯水和盐，开火煮沸。

2　把淀粉放入碗中，加入3汤勺冷水，拌匀，倒入煮糖水的锅中，不时搅拌，直到糖水变稠且呈不透明状即可关火。

3　把柠檬洗净，将部分表皮刨成碎屑（有半咖啡勺即可），放入碗中，挤入柠檬汁，拌匀后立刻放入锅中，重新开火，用打蛋器不停搅拌，当奶油变得浓稠时即可，千万不要煮沸。关火后，加入蛋黄拌匀，之后将锅放入盛有适量冷水的大锅中以加速冷却。

4　在蛋白中加入盐，用打蛋器打发成坚挺并微微发亮的蛋白霜，打发过程中要分2～3次加入白砂糖。把蛋白霜拌入冷却后的柠檬奶油（如果尚有些许温热也没有关系）中，分装入小杯，在冰箱中冷藏1～2小时后即可食用。

水果泥

❖制作难度：特别简单　❖料理花费：不太贵
❖制作时间：10分钟　❖用餐人数：多人

250克水果（杏、草莓、覆盆子、　150克白砂糖
桃等）　　　　　　　　　　　　　1个柠檬（取汁）

1 把所有水果洗净并擦干，去掉蒂部与核。

2 加入白砂糖和柠檬汁，用料理机打1～2分钟即可。打的过程中，
调到最大挡打几次，这样质地会比较浓稠。

**私房
厨话**

- 可以用冷冻草莓或覆盆子来制作。也可用罐头代替，但要
  少加些白砂糖。
- 如果一次吃不完，可以倒入干净的瓶子里，盖好盖子，放
  入冰箱冷藏室保存3～4天。

红醋栗果泥

❖制作难度：简单　❖煮制时间：5分钟

❖搅拌时间：30分钟　❖用餐人数：多人

2千克红醋栗（或覆盆子、桑葚等其他浆果）　适量白砂糖（1升果汁需要1千克白砂糖）

1　把红醋栗放入锅中，开旺火煮5分钟；待煮出汁后，倒入料理机中，打成果泥，然后用量杯测一下分量。

2　按照1升果汁加1千克白砂糖的比例加入白砂糖，用木勺慢慢搅拌，直到白砂糖完全溶化为止（大约需要30分钟）。也可用电动搅拌器来搅拌，但要开到最慢的一挡。

3　把搅拌好的果泥倒入合适的容器中，立刻盖严盖子保存。食用时打开即可。

私房厨话

• 可以只用一种水果来做，也可以把各种红色浆果混合起来，但加白砂糖的比例都是1∶1。

大马士革李果酱

❖制作难度：特别简单 ❖腌制时间：5～6小时
❖煮制时间：15分钟 ❖用餐人数：多人

1千克李子（大马士革李或黄香李，去核）　　半个柠檬（取汁）
750克白糖　　　　　　　　　　　　　　　1根香草荚或少许鲜薄荷叶（可不加）

1 把李子放入碗中，撒上白糖，腌制5～6小时。腌制过程中要搅拌几次。

2 把腌好的李子连同汁水一起放入锅中，开大火煮沸，然后继续煮15分钟。煮的过程中要不时用木勺搅拌一下。煮到半熟的时候，加入柠檬汁、香草荚或鲜薄荷叶（可不加）。煮好后，倒入合适的容器中并立刻把盖子盖严。晾凉后即可食用。

第五章

法　式　经　典　烘　焙

chapter·05

饼干和小糕点类

牛利饼干

❖制作难度：难　❖料理花费：便宜
❖制作时间：40分钟　❖可做：50块

面团配料

5个鸡蛋（分离蛋白和蛋黄）

60克面粉

125克白砂糖

60克淀粉

少许糖粉

少许盐

适量黄油

特殊用具

2个甜点烤盘

1个裱花袋

一个细孔筛子

1　将烤箱预热到130℃。将烤盘用黄油擦一遍。

2　预留出一汤勺白砂糖，将其余加入蛋黄中，用电动打蛋器搅打均匀，直到蛋黄的颜色开始发白；把面粉和淀粉用细孔筛子筛一遍，倒入搅打好的蛋黄中，用刮铲拌匀，动作不要太用力，做成面团。

3　在蛋白中加入盐，用电动打蛋器打发成蛋白霜。当已经打发出不少泡沫的时候，加入1汤勺白砂糖，继续高速搅打，直到泡沫质地坚挺而且微微发亮，立刻把蛋白霜拌入到面团里，做成饼干胚，动作一定要轻柔，以避免蛋白霜消泡。

4　把饼干胚装入裱花袋中，在烤盘上挤出一条条小棍的形状，间距2厘米左右（如果烤盘不够大，就要分几次烤制，每次都要将余下的饼干坯放入冰箱）。如果您不是那么在乎形状，也可以直接用汤勺来分割饼干胚。把烤盘放入烤箱中层，烤制18～20分钟，当饼干变成金黄色就可以取出了。用金属刮铲或餐刀把饼干从烤盘上揭下来，放在网架上，撒上糖粉，待其变凉即可食用。

猫舌饼

❖制作难度：特别简单　❖料理花费：便宜
❖制作时间：30分钟　❖可做：20个

2个蛋白

60克黄油（软化）

60克白砂糖

4克香草味砂糖

60克面粉

少许盐

特殊用具

1个烤盘

1个裱花袋

1　将烤箱预热到230℃。

2　将蛋白（不要搅打）隔水稍微加热一下。

3　利用加热蛋白的时间，把黄油、白砂糖、香草味砂糖和盐放入大碗中，用电动打蛋器搅打成质地光滑的奶油。

4　把变得温热的蛋白用叉子略微搅打一下，分3～4次拌入奶油中，用叉子拌匀；倒入面粉，与奶油搅拌均匀，做成面团。

5　把烤盘用黄油擦一遍，撒上少许面粉。将面团放入裱花袋，在烤盘上挤出一条条的小棍，间隔2厘米。如果您不太在意饼干的形状，可以用勺子来舀面团。

6　放入烤箱烤制10～12分钟。烤好后，用金属刮铲把饼干从烤盘上揭下来。不要等到变凉后再揭，因为饼干会变得很酥脆、容易折断。

7　如果一次食用不完，可以放入密封的盒子里保存1～2天。

私房
厨话
• 不要贪快而使用料理机，因为搅打效果和用打蛋器完全不同，烤出的饼干会走样。

沙布雷饼干

❖制作难度：简单　❖料理花费：便宜　❖制作时间：30分钟

❖醒面时间：1小时　❖用餐人数：4人

125克面粉　　　　　　　　　　60克白砂糖
1个蛋黄　　　　　　　　　　　少许盐
60克黄油

1　把面粉倒在案板上，在中间挖一个大坑，并排放入蛋黄、盐、黄
　　油和白砂糖。先把黄油和白砂糖混合起来，再与蛋黄一起拌匀，
　　最后和面粉揉成面团。如果有时间，最好把面团在凉爽处放置
　　1小时。

2　将烤箱预热到170℃。把面团擀成0.5厘米厚的面皮，把一只玻璃
　　杯倒扣在上面，沿着杯沿切出一块块小圆面片。

3　将烤盘用黄油擦一遍，放上小圆面片，用叉子在面片上扎出一些
　　小洞；放入烤箱烤制10～12分钟。烤好后取出晾凉，从烤盘上揭
　　下来即可。

私房
厨话
　　• 烤好的沙布雷饼干就是沙子的颜色。
　　• 如果先在小面片上刷一层鸡蛋黄再放入烤箱烤制，就成了
　　　"南特式沙布雷"，颜色是金黄色的而且有光泽。

杏仁瓦片

❖制作难度：特别简单　❖料理花费：便宜
❖制作时间：30分钟　❖可做：25片

2个蛋白
3大汤勺白糖
少许盐
1大汤勺面粉
30克杏仁片

25克黄油

特殊用具
1个甜点烤盘

1　把烤箱预热到130℃。把烤盘用黄油擦一遍。

2　将黄油放入小号平底锅中，开火，待黄油开始熔化即关火。

3　在碗中放入蛋白、白糖、盐、面粉、杏仁片和稍稍熔化的黄油，用木勺搅拌均匀，和成面团。

4　用小勺把面团舀成一个个小团，放入烤盘。每个小团之间留出2个手指的宽度，因为小面团会自己塌下来变成薄片。

5　放入烤箱烤制8～10分钟，此时薄片表面变成金黄色，而里面依然是白色。从烤箱中取出后，立刻从烤盘上揭下来（把刀插入薄片底部），放在擀面杖上晾一会，使其变成瓦片的形状。然后放在网架上，待其彻底凉下来并变得硬脆时即可食用。

私房
厨话

• "瓦片"的厚度可根据鸡蛋的大小和面粉型号的不同而稍稍调整。影响口感的因素主要在于面团的软硬程度：如果面团比较硬，做出的杏仁瓦片会很漂亮，但口感没那么酥脆；如果面团比较软，口感会更好，但很容易碎。如何选择，由您来决定。

果酱千层酥

※制作难度：简单　※料理花费：便宜
※制作时间：30分钟　※用餐人数：4人

200克面粉
少许盐
150克黄油（软化，切小块）
1个鸡蛋
3～4汤勺杏或李子果酱

特殊用具
1个直径8厘米的环形模具（或1个玻璃杯）
1升可用于高温煎炸的油

1　制作面坯：把面粉、盐和黄油和起来并用手搓揉，加入鸡蛋和3汤勺冷水，迅速揉成面团，在撒过面粉的案板上摊平，再揉成团，再摊平，然后再揉成团，放入冰箱冷藏2小时。注意揉搓速度要非常快，否则面团会变得过硬。

2　在案板上再撒上适量面粉，将冷藏后的面团擀成很薄的面皮，把一个玻璃杯扣在上面，切出十几个圆片。

3　把油放入锅中，开火，让油温升至175℃。

4　将圆面片的边缘用水沾湿，在中心放一小团果酱，把面片对折，将果酱包在中间。要把接口的地方用力捏紧。

5　根据锅的大小，把4～6个捏好的果酱包放入油里煎炸（不要同时放入过多）。当一面变成金黄色之后，翻面，将另一面也煎好，捞出后放在吸油纸上吸掉多余的油分。分几次将余下的果酱包煎好。趁热食用。

私房
厨话
• 如果可以买到油酥面坯，可省却第一步。

炸脆饼

❖制作难度：特别简单　❖料理花费：便宜　❖制作时间：45分钟
❖冷藏时间：1小时　❖可做：40～50块

3个鸡蛋
40克白糖
少许盐
60克黄油（软化）
1汤勺朗姆酒（或干邑、橙花酒等）
350克面粉

适量可用于高温煎炸的油
适量糖粉

特殊用具
1把大号厨刀（或1把糕点轮刀）

1　在大碗中打入鸡蛋，放入白糖和盐，用电动打蛋器搅打均匀，然后放入黄油、朗姆酒（或干邑、橙花酒等）和面粉，揉匀。当面团变得非常光滑时，用双手拉长，然后再搓成团，反复几次，让面团具有弹性。

2　把面团放入容器中，用保鲜膜蒙好，放入冰箱冷藏至少1小时。

3　从冷藏好的面团上切下1/4，放在撒了面粉的案板上，余下的面团放入冰箱备用。

4　将切下的面团擀成薄片（越薄越好），用大号厨刀（或糕点轮刀）切成约2厘米宽的细长片，把每片打个很松的结。分三次把余下的面团用同样方法做好。

5　将油在锅中加热到175℃，放入6～8个打好结的面片，当一面炸至金黄色时，翻面，把另一面也炸好。取出后，放在吸油纸上沥去多余的油分。将余下的面片陆续炸好。注意每次不要在锅中放得太多，要让面片之间有足够间隙，否则很容易粘在一起。

6　撒上糖粉即可上桌。热食或冷食皆可。

杏仁迷你千层酥

❖制作难度：特别简单 ❖料理花费：不太贵
❖制作时间：45分钟 ❖可做：40块

1块400克的千层酥面坯（可自己准备
或买现成的）
1个鸡蛋
125克粗粒晶糖
125克杏仁碎

特殊用具
1把糕点刷
2大张铝箔纸

1 把烤箱预热到200℃。案板上撒适量面粉，把面坯擀成2毫米厚、
20厘米宽的正方形面皮，放到一大张铝箔纸上。

2 把鸡蛋在碗中打散，用刷子蘸取蛋液在面皮上刷一层。撒上一半
粗粒晶糖和一半杏仁碎，用擀面杖擀一遍，让糖和杏仁碎粘牢。

3 隔着铝箔纸把面皮托起来，翻面，揭掉铝箔纸，在面皮的另一面
撒上余下的粗粒晶糖和杏仁碎，同样用擀面杖擀一遍。

4 在烤盘上垫一大张铝箔纸，用少量冷水刷一遍。

5 将面皮沿横向4等分，再沿竖向10等分，用大号厨刀切开，得到
40块5厘米长、2厘米宽的小面片。

6 把每块小面片拧几下，摆在烤盘上，放入烤箱烤制20～25分钟。
烤制到一半时间的时候，将温度调到170℃。

私房
厨话

• 如果烤箱不够大，可以分两次烤制。要把尚未烤制的那些
先放入冰箱冷藏，以避免面皮变软。

热那亚海绵蛋糕

❖ 制作难度：简单　❖ 料理花费：不太贵
❖ 制作时间：1小时　❖ 用餐人数：6~8人

3个鸡蛋
100克白砂糖
7.5克香草味砂糖
少许盐
1汤勺朗姆酒
75克面粉
75克淀粉

1平咖啡勺泡打粉
75克黄油
半个柠檬

特殊用具
1个直径20厘米的曼克蛋糕模具

1　烤箱预热到200℃。大碗中倒入热水，放入整个的鸡蛋，浸泡 1~2分钟后取出，倒掉水，把鸡蛋表面和碗都擦干。

2　趁碗和鸡蛋都还温热的时候，把鸡蛋打入碗中，加入白砂糖、香草 味砂糖、盐和朗姆酒，用电动打蛋器高速打发到起泡，然后继续搅 打2~3分钟；待蛋浆变凉后，加入面粉、淀粉和泡打粉，和匀。

3　把黄油放入模具中，放到火上加热，待黄油熔化后，倒在面团上并 揉匀；挤出柠檬汁，把柠檬皮擦成屑，都放入面团中并揉均匀。

4　在模具中撒入少量面粉，放入面团，放入烤箱烤制40分钟左右。 取出后即刻脱模并倒扣在网架上，让热气散发掉即可食用。

私房
厨话
• 可以直接食用，或把蛋糕切成片，涂上摩卡奶油、巧克力 慕斯、果酱等食用。

玛德琳蛋糕

❖制作难度：特别简单　❖料理花费：不太贵
❖制作时间：20分钟　❖可做：12个

1个鸡蛋
60克白砂糖
4克香草味砂糖
60克面粉
1/4勺泡打粉

60克黄油（软化）
少许盐

特殊用具
1个玛德琳蛋糕模具

1　把烤箱预热到230℃。

2　把鸡蛋磕入碗中，加入白砂糖、香草味砂糖和盐，用打蛋器搅打
　　到颜色发白；再把面粉和泡打粉加入碗中，用木勺搅拌一下，放
　　入黄油，用木勺使劲搅拌成光滑的面团。一定不要用电动搅拌器
　　搅打，否则面团会变得松散易碎。

3　把模具的内壁和底部用黄油擦一遍，撒上少许面粉；用勺子把面
　　团分装入模具，放入预热好的烤箱烤制10~12分钟。

4　把烤好的小蛋糕倒扣出来，放在案板上晾一下即可食用。

私房
厨话

• 可以用柠檬皮（刨成屑后加入蛋液）或橙子花代替香草味
　砂糖。
• 刚烤好的小蛋糕有点软，是最好吃的时候。
• 如果一次吃不完，可以放入密封盒中，能保存一周。

芙莉安杏仁小蛋糕

❖制作难度：特别简单　❖料理花费：便宜
❖制作时间：30分钟　❖可做：10个（或50个迷你小蛋糕）

3个蛋白
90克糖粉
40克杏仁粉
20克面粉
60克黄油
少许盐

特殊用具
10个方形芙莉安蛋糕模具（也可用小号圆形挞模或50个迷你烤模具）
一把夹子

1　烤箱预热到270℃。在大碗中放入蛋白、糖粉、杏仁粉、面粉和盐，用木勺（不要用搅拌器）慢慢搅匀，直到面团变得光滑而有黏性。

2　在小号平底锅中放入黄油，开火，待黄油熔化即关火；用刷子蘸取黄油，把模具里面刷几遍。这样烤好蛋糕后脱模会很容易。

3　把锅中剩下的黄油用文火重新加热，当表面的白色泡沫变成小气泡而且黄油的颜色变深时，立刻关火，把黄油慢慢倒入面团中，同时用木勺使劲搅拌。

4　把拌好的稀面团倒入模具中（不要倒得过满），放入烤箱烤制5分钟，然后把温度降低到200℃，继续烤10分钟；关掉烤箱，稍等一会儿再取出，让余热把蛋糕完全烤熟。

5　从烤箱取出蛋糕并脱模，等到次日再食用。如果吃不完，可放入金属（或塑料）盒子保存1～2星期。

果酱夹心蛋糕卷

❖制作难度：简单　❖料理花费：便宜
❖制作时间：30分钟　❖用餐人数：4人

面团配料
3个鸡蛋（分离蛋白和蛋黄）
100克白砂糖
7.5克香草味砂糖
80克面粉
少许盐

馅料
1罐（200克）草莓（或覆盆子）果酱

装饰
40克糖粉

特殊用具
1个20厘米x30厘米的浅口方形模具
（或1个金属饼干桶的盖子）
1大张铝箔纸

1　把烤箱预热到260℃。在模具底部铺上一张铝箔纸。

2　在蛋黄中加入白砂糖和香草味砂糖，用电动打蛋器搅拌均匀，直到混合物从搅拌头上落下时会像一条柔软的白色丝带。

3　另取一个碗，把蛋白打成质地坚挺的蛋白霜。

4　向搅打好的蛋黄中加入一半面粉和一半蛋白霜，用木勺轻轻拌匀，再加入余下的面粉、盐和蛋白霜，继续拌匀。

5　把面团倒入模具中，摊成1厘米厚的面皮，放入烤箱中层烤制8～10分钟；烤好后取出，趁热涂上一层果酱，然后推动外面的铝箔纸，把蛋糕小心地卷起来；待晾凉后，揭掉铝箔纸，把蛋糕放到盘中，撒上糖粉，用手指轻轻按一下，让糖粉粘牢。

小麦粉蛋糕（又名马拉糕）

❖制作难度：简单 ❖料理花费：贵
❖制作时间：30分钟 ❖用餐人数：4人

250克面粉
150克黄油（软化）
75克黄油（用于煎炸）
适量蜂蜜

杏仁馅料
50克杏仁粉
25克白糖
半咖啡勺肉桂粉

1 把面粉倒入碗中，加入3汤勺水和黄油（软化），按揉成面团。

2 把杏仁粉和白糖、肉桂粉拌匀，加入少量水，和成较硬的馅料。

3 把面团按揉成粗香肠的形状；沿纵向切一条口，塞入杏仁馅粉，把切开的表面再捏合起来，重新按揉成香肠的形状；切成1厘米长的圆段。

4 平底锅中放入75克黄油，开火，待黄油完全熔化再开始煎炸。当蛋糕变成金黄色时，取出放在吸油纸上吸去多余油分。上桌前可浇些蜂蜜。

椰丝蛋糕卷

❖ 制作难度：简单　❖ 料理花费：不太贵
❖ 制作时间：30分钟　❖ 用餐人数：4～6人

糖浆配料
125克白砂糖
半个柠檬（取汁）
4～6汤勺朗姆酒
100克椰丝

面团配料
3个鸡蛋（分离蛋白和蛋黄）

100克白砂糖
7.5克香草味砂糖
80克面粉
少许盐

特殊用具
适量铝箔纸

1　把白砂糖和大半杯水倒入锅中，开火加热，让白砂糖融化。煮沸后1分钟关火，在锅中加入柠檬汁、朗姆酒和大部分椰丝（留出1汤勺椰丝待用），搅拌均匀。烤箱预热到260℃。

2　在蛋黄中放入白砂糖和香草味砂糖，用电动打蛋器打匀，直到蛋黄的颜色发白而且从搅拌头上流下时呈丝带状。

3　把打蛋器彻底洗净，将蛋白在另一个碗中打发成质地坚挺的蛋白霜。

4　用木勺把一半面粉倒入搅拌好的蛋黄中，和匀后，慢慢地拌入一半蛋白霜，再放入余下的面粉和盐，再次和匀，拌入另一半蛋白霜。

5　在烤盘中铺上铝箔纸。把和好的面团放在上面，用刮铲摊成20厘米宽、30厘米长、1厘米厚的面皮；放入烤箱烤10分钟；烤好后，连同铝箔纸一起取出，倒扣在潮湿的白布上，等1分钟，待蛋糕表面变软一点，慢慢揭下铝箔纸，再把铝箔纸重新贴在蛋糕上，翻面，取下白布；趁热把糖浆涂在蛋糕表面，然后推着铝箔纸把蛋糕卷起来，卷紧。卷好后，揭掉铝箔纸，撒上刚才留出待用的椰丝即可。

果酱迷你蛋糕

❖制作难度：特别简单　❖料理花费：便宜
❖制作时间：30分钟　❖可做：25片

60克黄油（软化）
70克白砂糖
1个鸡蛋（分离蛋黄和蛋白）
少许盐
125克面粉

1杯果酱（按个人口味选用）

特殊用具
1个甜点烤盘（或1个大号饼模）

1　在碗中放入黄油和白砂糖，用电动打蛋器搅拌，当黄油的颜色开始发白，加入蛋黄、盐和面粉，用电动打蛋器搅匀或用手揉均匀。

2　把烤箱预热到170℃。

3　把烤盘用黄油擦一遍，撒上少量面粉；把面团分成核桃大小的小块，放入烤盘。用手指在每块面团的顶部按出一个小坑，在小坑里放入果酱。

4　用叉子把蛋白略微搅打一下，刷在每个小面团的表面。放入烤箱烤制20~25分钟即可。

私房
厨话
・刷上蛋白后，烤好的蛋糕颜色更漂亮。

葡萄黄油蛋糕

❖制作难度：特别简单　❖料理花费：不太贵
❖制作时间：30分钟　❖可做：24块

100克葡萄　　　　　　　　　125克白砂糖
1汤勺朗姆酒　　　　　　　　2个鸡蛋
125克黄油（软化）　　　　　125克面粉
少许盐

1　用热水把葡萄迅速地冲一下，让葡萄变软，用吸水纸把表面擦干，
　　放到碗中，倒入朗姆酒腌制片刻。

2　烤箱预热到200℃。

3　把黄油、盐和白砂糖放入大碗中，用电动打蛋器搅打均匀，之后
　　逐个放入鸡蛋并及时搅拌，当混合物颜色发白时，倒入面粉、葡
　　萄和腌葡萄用的朗姆酒，和匀成发硬的面团。

4　把烤盘用黄油擦一遍，撒上少许面粉；把面团切成榛子大小的小
　　块，放到烤盘里，彼此之间要相隔至少3厘米。如果烤盘比较小，
　　就分两次烤制。

5　放入烤箱烤制10～15分钟即可取出，此时蛋糕表面变成金黄色，
　　里面是白色。放到烤架上晾凉后食用。

私房
厨话　　• 要提前把黄油从冰箱取出，让它在室温下软化下来（不要
　　　　　用火加热），这样才可以和白砂糖很好地融合。

法式经典烘焙

chapter 06

节日甜点和饮品类

法式吐司

❖制作难度：特别简单　❖料理花费：便宜
❖制作时间：30分钟　❖用餐人数：4人

4~8片干面包

2汤勺朗姆酒

250毫升牛奶

2个鸡蛋

100克白砂糖

50克黄油

1 在浅口盘子中倒入牛奶、1/3白砂糖和朗姆酒。在另外一个盘子中把鸡蛋打成蛋液。

2 把干面包片在牛奶混合物中泡2分钟，然后放入蛋液中。

3 在大号浅口平底锅中放入黄油，开文火，待黄油熔化并变得比较热的时候，放入面包片，把每片煎1~2分钟。

4 把面包片放入盘中，撒上余下的白砂糖即可上桌。

私房
厨话
• 冷藏后也很好吃，可以涂上柑橘酱或李子酱食用。
• 如果是做给孩子吃，可以用香草味砂糖来代替朗姆酒。

法式肉桂吐司

❖制作难度：特别简单　❖料理花费：便宜
❖制作时间：20分钟　❖用餐人数：8人

8片干面包
500毫升牛奶
半个柠檬皮（刨成屑）
2汤勺白砂糖
2个鸡蛋
50克黄油

适量白砂糖
适量肉桂粉

特殊用具
1个大号浅口不粘锅

1　把牛奶倒入锅中，加入白砂糖和柠檬皮屑，煮开后倒入深口盘中；
把干面包片泡入牛奶混合物里面。

2　利用面包片变软的这段时间，将鸡蛋在另一个深口盘中打成蛋液；
将面包片放入盘中，让两面都裹上蛋液。

3　把黄油放入锅中，开中火，待黄油熔化而且泡沫几乎消失的时候，
放入裹着蛋液的面包片，把两面都煎至金黄色。

4　把肉桂粉与白砂糖混合均匀，撒在面包片上，趁热食用。

私房
厨话　　• 白砂糖和肉桂粉都可根据您自己的喜好选择是否添加。

朗姆酒迷你蛋糕

❖ 制作难度：特别简单　　❖ 料理花费：便宜
❖ 制作时间：50分钟　　❖ 用餐人数：6人

60克白砂糖

3个鸡蛋（分离蛋黄和蛋白）

1汤勺牛奶

125克面粉

1袋泡打粉

40克杏果酱

少许盐

适量糖渍樱桃

适量糖渍欧白芷

糖浆配料

250毫升糖浆

50毫升朗姆酒

特殊用具

6个直径10厘米的皇冠蛋糕模具

1把刷子

1　把烤箱预热到170℃。

2　把蛋黄和白砂糖放入碗中，用电动打蛋器搅打至颜色变白，倒入
　　牛奶、面粉和泡打粉，用木勺搅拌均匀。如果面粉或泡打粉中有
　　结块，需要先用筛子筛一下。

3　蛋白中加入盐，用打蛋器打发成质地坚挺的蛋白霜，慢慢地拌入
　　刚才拌好的面糊中。

4　将面糊分装入蛋糕模具（不要超过模具高度的3/4），放入烤箱烤
　　制15分钟，立刻取出并脱模；把脱模后的蛋糕再放回模具中。

5　把糖浆在锅中煮沸，倒入朗姆酒并拌匀，趁热倒在蛋糕上（最好
　　分几次来倒），把吸饱糖浆的蛋糕脱模并放入盘中。

6　锅中放入杏果酱和1汤勺水，开火煮沸2分钟，待果酱变得浓稠时，
　　用刷子蘸取并涂在蛋糕表面；把糖渍樱桃对半切开，和糖渍欧白
　　芷一起贴在蛋糕上作为装饰。

黄油薄饼

❖ 制作难度：简单　❖ 料理花费：便宜
❖ 制作时间：30分钟　❖ 用餐人数：4人

150克面粉
2个鸡蛋
500毫升牛奶（冷藏）
40克黄油
适量白砂糖

少许盐

特殊用具
一个浅口不粘锅

1　在锅中放入1块核桃大小的黄油，开小火，让黄油熔化。

2　把面粉、盐和鸡蛋放入碗中，用木勺搅拌成面团；倒入牛奶和黄油，搅打成质地均匀的面浆。

3　开旺火，待锅变得很热的时候，舀取适量面浆放入锅中，同时将锅倾斜并旋转几圈，让面浆均匀摊开。当饼的边缘开始卷起来，说明下面已经烤好了。小心地将薄饼从边上揭起来，翻面，把另一面也煎好。

4　在煎好的薄饼上撒适量白砂糖，卷起来或折叠成扇形，放入预热过的盘子里。

5　把余下的面浆用同样方法分几次煎好。每次煎之前都在锅中添加适量黄油。

私房厨话

- 每次放入的面浆不要太多。面浆摊开后，应该是一薄层。
- 如果一次吃不完，用铝箔纸包起来放入冰箱冷藏，可以保存2～3日。
- 如果您有电动打蛋器，可把所有的配料都一次性放入碗中，搅打几秒钟即成质地均匀的面浆。

可丽饼

❖制作难度：简单　❖料理花费：不太贵　❖制作时间：45分钟

❖面浆静置时间：30分钟　❖可做：12张

适量朗姆酒

面糊配料
100克面粉
2个鸡蛋
少许盐
400毫升牛奶（或水）
20克白砂糖
40克黄油（软化）

馅料
40克黄油（软化）
100克白砂糖
3~4汤勺烧酒
30克杏仁粉
少许糖渍橙皮

特殊用具
一个直径18~20厘米的浅口不粘锅
一团浸过油的棉花
1个耐高温的盘子

1　把制作面糊的所有配料放入大碗中，用电动打蛋器搅打均匀。如果有时间，在凉爽的地方放置30分钟。

2　用旺火把面糊煎成薄饼，煎饼的同时，在另一个小锅中放入水，烧开，把一个大盘子放在水上面，将煎好的薄饼放在盘中以保温。

3　把黄油、白砂糖、烧酒、杏仁粉和糖渍橙皮放入碗中，用电动打蛋器打匀，直到馅料略微起泡即可；在每张煎好的薄饼上涂适量馅料，卷起来或叠成扇形，装入预热好的盘子中。

4　将朗姆酒煮沸，倒在煎饼上；上桌后，在客人面前把酒点燃；待火焰熄灭后趁热食用。

私房
厨话

• 可以提前把薄饼煎好，待上桌前再制作馅料。为防止粘连，每煎好一张，就把薄饼放入盘中，撒上白砂糖，再在上面叠放下一张，最后用铝箔纸包好，放入冰箱冷藏。

朗姆酒火焰薄饼

❖制作难度：特别简单　❖料理花费：不太贵
❖制作时间：40分钟　❖用餐人数：4人

150克面粉

2个鸡蛋

500毫升牛奶（冷藏）

40克黄油

100克白砂糖

2~3小杯朗姆酒

少许盐

特殊用具

一个浅口不粘锅

1　在大碗中放入面粉、盐和鸡蛋，用木勺搅拌成面团；慢慢倒入牛奶；锅中放入1团核桃大小的黄油，开小火，待黄油熔化后，也倒入碗中，用电动打蛋器把面浆搅拌均匀。

2　浅口平底锅中放适量黄油，待黄油熔化并变得很热的时候，倒入适量面浆，摊成薄饼，用旺火煎好，撒上适量白砂糖，叠成扇形，分装入盘中并保温。把余下的面浆分几次煎好（每次都要向锅中添加适量黄油）。

3　上桌前，在小锅中倒入朗姆酒，煮开，把酒点燃后立刻倒在饼上。趁热食用。

私房
厨话

• 朗姆酒煮开后，可与分装好薄饼的盘子一起上桌，在客人面前把酒倒在饼上并点燃。

橙汁薄饼

❖制作难度：特别简单　❖料理花费：便宜
❖制作时间：15分钟　❖用餐人数：4人

8张煎好的薄饼
50克黄油
2个橙子（取汁）
75克白砂糖

特殊用具
1个大号浅口不粘锅

1　在每张薄饼上都撒些白砂糖，分别叠成扇形（先对折成半圆，再对折一次即可）。

2　在平底锅中放入适量黄油，开文火，把4张叠好的薄饼并排放进锅中，煎片刻之后翻面，注意不要让薄饼散开；两面都煎好后，分装入预热过的盘中；在锅中再加入适量黄油，把余下的薄饼也煎好，分别叠放在刚才的4张薄饼上。

3　榨出橙汁，放入平底锅中，加入余下的白砂糖，开火并用木勺搅匀，待煮沸后浇在薄饼上即可。趁热食用。

私房
厨话
- 如果没有孩子一起吃，煮橙汁时不妨加些朗姆酒。
- 有时我会多加些朗姆酒来做"火焰薄饼"：把煮好的橙汁朗姆酒浇在薄饼上，点燃即可。

阿尔萨斯薄饼

❖制作难度：特别简单　❖料理花费：便宜
❖制作时间：45分钟　❖用餐人数：4人

2个苹果
50克黄油

面浆配料
100克面粉
1个鸡蛋
1大杯牛奶

少许盐
1汤勺朗姆酒
25克黄油

特殊用具
1个直径18～20厘米的浅口不粘锅

1　把所有面浆配料都放入大碗，用电动打蛋器搅拌均匀。也可用木勺搅拌，这时要先放入面粉和鸡蛋，待和匀后，再加入盐、牛奶和朗姆酒，最后把黄油放入锅中，用小火熔化，再倒入面浆并拌匀。如果时间充裕，最好把面浆放在凉爽的地方静置30分钟。

2　苹果去皮、去核，对半切开，再切成薄片，放入面浆中。

3　在浅口不粘锅中放入适量黄油，开火让黄油熔化，倒入一大勺面浆并摊开（厚约0.5厘米）；用文火把每面各煎4分钟左右，直到苹果片变熟、饼变成金黄色。用同样的方法把余下面浆煎好（煎之前都要放入适量黄油）。

私房
厨话

• 煎饼翻面时很容易碎，可以取一个盘子放在锅上面，把盘和锅一起翻转，让煎饼落入盘中，再轻缓地放回锅中，把另外一面煎熟。

香料面包

❖制作难度：特别简单　❖料理花费：便宜

❖制作时间：2小时　❖用餐人数：4人

200克蜂蜜
60克白砂糖
50克黄油
2个蛋黄
300克面粉
1袋泡打粉

少许盐
2汤勺茴香酒（或茴香籽）

特殊用具
1个直径22～24厘米的蛋糕模具
适量铝箔纸

1　锅中放2汤勺水、蜂蜜、白砂糖和黄油，开火，待黄油熔化即可，不要煮沸。

2　碗中放入蛋黄，先倒入2勺热蜂蜜混合物拌匀，再把锅中余下的蜂蜜混合物都倒进去，用木勺使劲搅拌——这是为了让热量迅速散发而蛋黄不会变熟。

3　把面粉、泡打粉和盐放入大碗，慢慢倒入热蛋黄蜂蜜混合物，加入茴香酒（或茴香籽），用力搅拌15分钟左右（可使用食品搅拌器），直到和成发硬的面团。烤箱预热到170℃。

4　把模具用黄油擦一遍，放入面团（不要超过模具高度的2/3）；放入烤箱烤制75～90分钟。烤到一半时间的时候，取出模具，在表面蒙上一层铝箔纸，再放回烤箱，并把烤箱温度稍微降低一些。烤好后取出脱模，扣在网架上晾凉即可食用。未食用完的蛋糕可用铝箔纸包起来，放入冰箱冷藏保存，能保存15天左右。

私房
厨话

• 因为面团中有蜂蜜，而且糖分比较高，所以会非常黏。因此，如果您的蛋糕模具没有防粘功能，要事先在里面铺一大张铝箔纸。

苹果贝涅饼

❖ 制作难度：简单　❖ 料理花费：不太贵　❖ 制作时间：30分钟
❖ 面浆静置时间：1小时　❖ 用餐人数：4人

500克苹果　　　　　　　　　　　　　1个鸡蛋
适量可用于高温煎炸的油　　　　　　　2个蛋白
适量白砂糖　　　　　　　　　　　　　1汤勺油
　　　　　　　　　　　　　　　　　　150毫升啤酒（或水）

面浆配料　　　　　　　　　　　　少许盐
150克面粉

1 在大碗中放入面粉，打入鸡蛋，倒入油、盐，用电动打蛋器搅拌
　均匀后，缓慢倒入啤酒（或水），与面浆混合均匀（要比做煎饼的
　面浆浓稠得多）。静置1小时。

2 面浆快静置好时，在蛋白里加入少量盐，打成质地坚挺的蛋白霜，
　慢慢地与面浆混合均匀。

3 苹果去皮，切成0.5厘米厚的圆片，在面浆中蘸一下，让两面都裹
　上面浆，放入热油中炸制。每次不能放太多，要让每片苹果之间
　有足够空间。当面浆膨胀起来而且变成金黄色时即可捞出，最好
　先放在厨房用纸上吸掉多余油分。上桌前撒上白砂糖，趁热食用。

私房
厨话
• 面粉中加入啤酒是最传统的做法，也可用牛奶或水来代替
　啤酒。
• 可以把1/4的面粉用同样分量的淀粉来代替。
• 我有时会在面浆中添加一小杯朗姆酒来调味。
• 蛋白霜会让口感更为蓬松柔软。
• 也可以用梨、杏或香蕉代替苹果。

香蕉贝涅饼

❖制作难度：简单　❖料理花费：不太贵　❖制作时间：30分钟
❖腌制时间：1小时　❖用餐人数：4人

4根香蕉（要比较硬的）

1杯朗姆酒

1汤勺白糖

适量油

适量白砂糖

面浆配料

2个蛋白

少许盐

几滴柠檬汁

10克淀粉

1　香蕉去皮，沿纵向劈开，放入碗中，倒入朗姆酒，加入白糖腌1小时。

2　锅中放油，开火，将油温控制在165℃。

3　制作面浆：香蕉快腌好的时候，在蛋白里加入盐和柠檬汁，打成质地坚挺的蛋白霜，之后撒上淀粉，用木勺慢慢地搅匀即可。制作好的面浆最好立刻使用。

4　把腌好的香蕉在面浆中蘸一下，立刻放入热油中炸制。变成金黄色时捞出沥油，放在吸油纸上吸去多余油分。上桌前撒上白砂糖，趁热食用。

油炸泡芙

❖制作难度：难　❖料理花费：不太贵

❖制作时间：45分钟　❖用餐人数：4人

80克黄油（切小块）　　　　　　少许盐

125克面粉　　　　　　　　　　适量可用于高温煎炸的油

4个鸡蛋　　　　　　　　　　　适量白砂糖

1　锅中放入1杯水、黄油和盐，开火加热，当黄油熔化后关火，加入
面粉，混合均匀；再打开火，用木勺使劲搅拌，直到面团既不粘
勺也不粘锅时关火；逐个加入鸡蛋，注意每加一个鸡蛋都要先搅
拌均匀后再加下一个。

2　把油烧热（但不要滚开），用小勺把面团舀成小球，逐个放入油中
炸制。当小球膨胀起来并变成金黄色时，捞出沥油，撒上白砂糖，
趁热食用。

私房
厨话

• 炸制时，不要一次在油里放过多小球。小球之间应有足够
空隙。

• 也可以提前准备面团，但要用保鲜膜把盛面团的容器裹好，
以防面团变干。

布鲁塞尔风味热华夫饼

❖制作难度：简单　❖料理花费：不太贵

❖制作时间：30分钟　❖可做：10块左右

面浆配料
250毫升牛奶
150克黄油
40克白糖
7.5克香草味砂糖
少许盐
250克面粉
2~3个鸡蛋（分离蛋黄和蛋白）

辅料
适量白砂糖
300毫升香缇鲜奶油（或覆盆子果冻）
少许油（涂模具用）

特殊用具
1个华夫饼模具

1　锅中倒入牛奶，加入黄油、白糖、香草味砂糖和盐，开火煮沸后立刻关火，撒入面粉，用力搅拌均匀，再加入蛋黄，继续搅拌，直到面浆变得黏稠而光滑。

2　把蛋白打发成蛋白霜，慢慢地拌入面浆中，让面浆的质地更为蓬松柔软。

3　用刷子或吸油纸把华夫饼模具的上下两面都用油擦一遍，注意要把缝隙里面也涂到。将模具预热8~10分钟，倒入适量面浆，立刻合上模具并翻转，烤2~3分钟，当华夫饼变成金黄色且质地酥脆时即可；打开模具，把华夫饼倒扣在烤架上，用同样的方法把余下的面浆烤好。趁热上桌，佐以白砂糖、香缇鲜奶油（或覆盆子果冻）食用。

国王饼

❖制作难度：难　❖料理花费：贵　❖制作时间：2小时　❖面团醒发时间：1小时

❖冷藏时间：1小时　❖用餐人数：8人

适量糖粉（装饰用）

酥皮面坯配料
250克面粉
少许盐
100克黄油
100克硬黄油

杏仁馅料
40克白糖
20克黄油（软化）
1个鸡蛋（分离蛋黄和蛋白）
30克杏仁粉
2汤勺朗姆酒

1　制作酥皮面坯（见P11），和100克硬黄油一起放入冰箱冷藏1小时。

2　把冷藏好的硬黄油夹在两张烘焙纸中间，用擀面杖擀成0.5厘米厚的片，让黄油延展。

3　把面坯放在撒有面粉的案板上，擀成0.5厘米厚的长方形面片，再放上黄油片。黄油片的面积应该为面坯的2/3。把面坯折叠成三层，在案板上旋转1/4周，再用擀面杖擀成长方形，沿着长边对折、再对折；重复一次。用烘焙纸把折好的面皮包起来，放入冰箱冷藏1小时。把面皮切成2块；把一个盘子倒扣在其中一块面皮的上面，切掉盘子周围的面皮，再用同样的方法切好另一块面皮，放回冰箱冷藏。烤箱预热到260℃。

4　把白糖、黄油、蛋黄、杏仁粉和朗姆酒都放入碗中并搅拌均匀。

5　润湿烤盘，放入一张圆形面皮；用刷子蘸取适量蛋白，在面皮边缘刷一圈；把杏仁馅切成小块，放到面皮中间，扣上另一块圆形面皮，将两块面皮的边缘压紧，让它们黏在一起；用小刀将面皮边缘割开一些小斜口；用刷子在面皮表面抹一层蛋白并画些图案。

6　放入烤箱烤制30分钟。快烤好时取出，撒上糖粉，放到烤箱上层烤制片刻，让糖粉上色，注意不要烤焦。稍微晾凉些即可食用。

圣诞栗子味巧克力树干

❖制作难度：特别简单 ❖料理花费：便宜

❖制作时间：30分钟 ❖用餐人数：4人

125克黑巧克力（掰小块）
100克糖粉
100克黄油（软化）
500克（1罐）无糖栗子酱

特殊用具
适量铝箔纸（或烤盘纸，裁成正方形）

1 在大号不粘锅中放入黑巧克力，开文火，待巧克力熔化后放入75克糖粉、黄油和无糖栗子酱，用木勺搅拌几分钟。

2 把搅拌好的黑巧克力栗子酱倒在铝箔纸（或烤盘纸）上，卷成树干的形状，放入冰箱冷冻片刻，让"树干"变硬些。

3 把"树干"放入盘中。让刀在热水中浸泡片刻，将树干表面涂抹光滑，然后用叉子划出树皮一样的纹路，再撒上余下的糖粉来模拟雪花。您也可自由发挥，加些其他的新年或圣诞装饰。

私房
厨话

• 先把无糖栗子酱稍微加热一下再放入黑巧克力中，这样会更容易搅拌。
• 可以用微波炉来熔化黑巧克力块。
• 可用普通的白砂糖代替糖粉，但"树干"会没那么光滑，口感也差一些。
• 如果是平常的日子，可用普通的圆形蛋糕模具来制作。

桃子冰盏

❖制作难度：特别简单　❖料理花费：不太贵

❖制作时间：15分钟　❖用餐人数：4人

4个大的桃子（新鲜的，或用糖水罐头
代替）
半罐覆盆子果冻

2汤勺樱桃烧酒
500克香草冰激凌
1汤勺杏仁片

1　把覆盆子果冻放入锅中，开文火加热，同时用搅拌器搅打；烧开
　　后继续煮片刻，倒入樱桃烧酒，立即关火，晾凉待用。

2　把桃子去皮、去核，对半切开（如果是糖水罐头，把桃肉取出并
　　沥水）。

3　把香草冰激凌分装进小杯，扣上半个桃子，浇入适量覆盆子果冻，
　　撒上一些杏仁片即可上桌。

私房
厨话

• 如果正是覆盆子上市的季节，可以在做好的冰盏上面加
几颗覆盆子装饰。

巧克力冰激凌

❖制作难度：特别简单　❖料理花费：便宜　❖制作时间：10分钟

❖冷冻时间：2小时　❖用餐人数：4人

1个鸡蛋

1罐（170毫升）浓缩无糖牛奶

40克白砂糖

1咖啡勺速溶咖啡粉（或无糖可可粉）

1　把蛋白和蛋黄分开；把蛋黄和浓缩无糖牛奶、白砂糖、速溶咖啡粉（或无糖可可粉）都倒入料理机中搅打均匀。

2　把蛋白打发成质地坚挺的蛋白霜；用木勺把蛋白霜慢慢地拌入打好的牛奶混合物中，装入冰盒，冷冻2小时即可。

私房
厨话
• 打好的蛋白霜要及时拌入到牛奶混合物中，而且搅拌动作要轻柔，否则蛋白霜会消泡。

草莓冰激凌

❖制作难度：简单　❖料理花费：贵　❖制作时间：20分钟

❖冷冻时间：至少2小时　❖用餐人数：4人

500毫升牛奶 　　　　　　　　　150毫升鲜奶油

5个蛋黄 　　　　　　　　　　　250克草莓

250克白砂糖 　　　　　　　　　少许盐

1平咖啡勺土豆淀粉（或玉米淀粉）

1 把牛奶倒入锅中并加入盐，开火煮沸；把蛋黄放入碗中，加入白砂糖、土豆淀粉（或玉米淀粉），用木勺搅拌均匀，直到混合物颜色有些发白时，在碗中倒入一点刚煮开的牛奶，拌匀后倒入煮牛奶的锅中（不要关火），和余下的牛奶一起搅拌，直到质地变得黏稠；当即将再次煮开时立刻关火，晾凉备用。

2 把草莓洗净（但不要在水中浸泡时间太久）并沥水，用料理机打碎成果泥。

3 把晾凉的牛奶糊和鲜奶油倒入草莓泥中，用搅拌器打匀，装入冰盒，冷冻至少2小时。

私房
厨话

• 可以多加一些鲜奶油而少用一点蛋黄。

• 在冷冻的过程中需要取出搅拌2~3次，以避免产生冰碴。

• 此方法还可以制作覆盆子冰激凌。

香草冰激凌

❖ 制作难度：简单　❖ 料理花费：贵　❖ 制作时间：15分钟

❖ 冷冻时间：至少2小时　❖ 用餐人数：4人

500毫升牛奶　　　　　　　　　　　1平咖啡勺土豆淀粉（或玉米淀粉）

7.5～15克香草味砂糖　　　　　　　150毫升鲜奶油

5个蛋黄　　　　　　　　　　　　　少许盐

250克白砂糖

1　把牛奶倒入锅中，加少许盐，用文火煮开。

2　把蛋黄放入碗中，加入白砂糖、香草味砂糖、土豆淀粉（或玉米
　　淀粉），用木勺搅拌均匀，直到混合物颜色有些发白，倒入一些牛
　　奶，拌匀，再倒入煮牛奶的锅中（不要关火），和余下的牛奶一起
　　搅拌。当牛奶糊可以粘在木勺上时，立刻关火。

3　在晾凉的牛奶糊中加入鲜奶油，用搅拌器打匀，装入冰盒，冷冻
　　至少2小时。

私房
厨话

• 虽然这道甜点制作起来很简单，但比较花时间，在煮牛奶
　和搅拌奶油的过程中也需要一定的耐心。

• 在冷冻的过程中需要取出搅拌2～3次，这样可以避免产生
　冰碴。

• 冷冻的时间可根据冰箱制冷情况的不同而有所变化。

阿梅诺维尔冰激凌

❖制作难度：特别简单　❖料理花费：不太贵
❖制作时间：10分钟　❖用餐人数：4人

4人份的冰激凌（香草味、香草咖啡味
或香草坚果味）

100克薄巧克力片
1块核桃大小的黄油

1 把薄巧克力片掰成小碎块放到锅中，加入黄油和1汤勺水，用微火
　　加热到熔化并搅拌均匀。

2 把冰激凌分装入小杯，浇上煮好的热巧克力酱即可。

私房
厨话

• 可以把巧克力酱盛入单独的碗中，由客人随意添加，这样
可以避免冰激凌融化得过快。

205

龙奶鸡尾酒(无酒精)

❖制作难度：简单　❖料理花费：便宜
❖制作时间：10分钟　❖用餐人数：1人

1杯牛奶
1咖啡勺蜂蜜
1根香蕉
几颗去皮杏仁

1咖啡勺啤酒酵母
1咖啡勺小麦芽
几滴香草香精

先把牛奶和蜂蜜倒入料理机中，再倒入剩余食材，盖好盖子，高速搅打，当产生大量泡沫时即可停止。倒入玻璃杯后上桌。

桑格丽塔鸡尾酒（无酒精）

❖制作难度：简单　❖料理花费：便宜
❖制作时间：15分钟　❖用餐人数：6人

1个橙子（榨汁）　　　　　　1/4个甜椒
2个青柠檬（榨汁）　　　　　3个很成熟的西红柿
适量盐与胡椒粉　　　　　　适量苏打水
1~2个白洋葱（切碎）　　　　6块冰块
几滴塔巴斯克辣椒酱

1　在料理机中倒入橙汁、青柠檬汁、盐和胡椒粉，再放入洋葱碎和塔巴斯克辣椒酱。将甜椒去瓤并切成块；把西红柿去皮、用手挤去汁水，切成大块，和甜椒块一起放入容器中；加入足够量的苏打水，盖好容器的盖子，搅打均匀。

2　分装入6个鸡尾酒杯。上桌前，在每个杯中加一块冰块。

异国风情鸡尾酒（无酒精）

❖ 制作难度：简单　❖ 料理花费：便宜
❖ 制作时间：15分钟　❖ 用餐人数：4人

3个芒果
300克荔枝
2汤勺白砂糖

1个柠檬（取汁）
适量冰块

1　把芒果去皮、核，切成小块；把荔枝去皮、核。

2　把芒果和荔枝果肉都放入料理机中，加入白砂糖、柠檬汁和冰块，盖好盖子，打匀后分装入玻璃杯即可。

宾治热茶

❖ 制作难度：简单　❖ 料理花费：便宜
❖ 制作时间：20分钟　❖ 用餐人数：12人

5克茶叶
350克白砂糖

半瓶白朗姆酒
12片柠檬（薄片）

1　锅中放750毫升水，加白砂糖，烧开后加入茶叶，浸泡2~3分钟。

2　大号锅中倒入白朗姆酒，开火加热但不要煮沸；在锅中加入热茶水以及柠檬片，把酒点燃，分装入玻璃杯（每个杯中分一片柠檬），趁热饮用。

桃子奶昔

❖制作难度：简单　❖料理花费：便宜
❖制作时间：20分钟　❖用餐人数：4人

4~5个桃子	1汤勺白砂糖
半个柠檬	4人份香草冰激凌
1杯牛奶（冷藏）	1汤勺鲜奶油

把桃子和柠檬都去皮，放入料理机中，加入牛奶和白砂糖，盖上盖子，高速搅打几秒钟，加入香草冰激凌和鲜奶油，再慢速搅打片刻，混合均匀即可。分装入4个玻璃杯，插入吸管即可上桌。

私房
厨话

- 要挑选非常成熟的桃子来制作奶昔。
- 其他肉质较为软嫩的水果也很合适制作奶昔。分量如下：
    杏：8~10个
    李子：8~10个
    梨：4~5个
    香蕉：4根
    草莓、覆盆子或樱桃（去核）：4~5杯

玫瑰鸡尾酒

❖制作难度：简单　❖料理花费：便宜
❖制作时间：5分钟　❖用餐人数：1人

1小杯甜味美思酒　　　　　半小杯樱桃白兰地

1小杯干味美思酒　　　　　1小杯金酒

半小杯苦橙酒　　　　　　　1颗糖渍樱桃

半小杯樱桃烧酒　　　　　　1条橙子皮

1 把所有酒都倒入搅拌杯中，混合均匀后倒入鸡尾酒杯。

2 在酒杯中加入糖渍樱桃和对折起来的橙子皮即可。

私房
厨话

• 如果不想摄入太多酒精，可用樱桃糖浆来代替樱桃白兰地，
  再加些碎冰块。

白衣夫人

❖制作难度：简单　❖料理花费：便宜
❖制作时间：10分钟　❖用餐人数：1人

2~3小杯金酒　　　　　　　　　1汤勺柠檬汁
1小杯橙子酒　　　　　　　　　　1~2块冰块

在料理机中放入金酒、橙子酒、柠檬汁和冰块，盖好盖子，先开低速挡，待冰块碎开后再开高速挡打几秒钟。把搅打均匀的酒倒入冷冻过的鸡尾酒杯即可。

私房
厨话

• 可以先把酒杯的杯沿用柠檬擦过，再倒扣在白砂糖中沾一下，然后再倒入做好的鸡尾酒。也可以把这样准备好的酒杯先放入冰箱冷冻室，待使用时再取出。

香蕉牛奶

❖制作难度：非常简单　❖料理花费：便宜
❖制作时间：20分钟　❖用餐人数：4~5人

500毫升牛奶　　　　　　　　　少许肉桂（或香草）
2根香蕉　　　　　　　　　　　　4块冰块

把香蕉去皮并切成小块；在料理机中倒入100毫升牛奶和香蕉块，开快速挡打碎，加入余下的牛奶、肉桂和冰块，盖上盖子，再次打碎，分装入冷冻过的玻璃杯中即可。

瓜德罗普潘趣酒(无酒精)

❖制作难度：简单　❖料理花费：便宜
❖制作时间：10分钟　❖用餐人数：1人

2：1比例的朗姆酒和糖浆　　　　　　　1块冰块
1条柠檬皮

把冰块从冷冻室取出，放入料理机打碎。把朗姆酒和糖浆放入杯中，加入柠檬皮，再放1汤勺碎冰，插入一根吸管即可。您也可以用小勺搅匀后再饮用。

私房
厨话
　　● 制作方法稍微变化一下就成了马提尼潘趣酒：放入1/3杯的朗姆酒和同样分量的糖浆，加入一块冰块，再把柠檬皮切成两条细丝放入即可。

红色水果鸡尾酒(无酒精)

❖制作难度：简单　❖料理花费：便宜
❖制作时间：15分钟　❖用餐人数：4～6人

250克鲜草莓（或冷冻草莓）　　　　　1汤勺黑醋栗糖浆
250克鲜覆盆子（或冷冻覆盆子）　　　3～4汤勺白砂糖
半个柠檬（去皮、子，切小丁）　　　　适量苏打水
1汤勺樱桃糖浆

把草莓和覆盆子洗净（如果是冷冻的，需要先解冻）；放入料理机中，加入柠檬小丁、樱桃糖浆、黑醋栗糖浆和白砂糖，加入苏打水，盖好容器的盖子，高速打碎后倒入杯中即可。

第七章

法式经典烘焙

chapter · 07

巧克力类

松露巧克力

❖ 制作难度：特别简单　❖ 料理花费：贵　❖ 制作时间：30分钟

❖ 冷藏时间：10～12小时　❖ 可做：20块左右

125克特醇黑巧克力

1个蛋黄

75克黄油

1大汤勺鲜奶油

50克糖粉

2汤勺威士忌（朗姆酒或橙子酒亦可）

2汤勺无糖可可粉

1　把黄油分成小块，待其软化下来；把特醇黑巧克力掰碎，放进中号平底锅，开文火，隔水加热，当巧克力变得很软时立刻关火，加入蛋黄、黄油、鲜奶油、糖粉和威士忌，用木勺使劲搅拌均匀，放入冰箱冷藏一夜。

2　取出冷藏好的巧克力，用咖啡勺舀成小球，放入装有无糖可可粉的碗里，将碗晃动几下，让巧克力球沾满可可粉，然后用叉子取出，摆放在盘中，再放入冰箱冷藏，食用时取出即可。可保存1～2星期。

私房
厨话

• 如果不喜欢酒的味道或者是给孩子做，就不需要加威士忌。

• 可以用杏仁碎、榛子碎等代替无糖可可粉。

• 最好事先筛一下糖粉，去掉结块的部分。

• 如果想做出好吃的松露巧克力，巧克力和黄油的分量都要用足才行。

列日式巧克力

❖制作难度：简单　❖料理花费：不太贵　❖制作时间：25分钟

❖提前1小时准备　❖用餐人数：4人

4人份巧克力冰激凌

香缇鲜奶油配料
100毫升鲜奶油
7.5克香草味砂糖

1　把鲜奶油至少提前1小时放入冰箱冷藏。

2　把冷藏好的鲜奶油放入碗中，用电动打蛋器低速打发，当奶油的质地变得坚挺后，加入香草味砂糖，继续低速搅打。打的时间要足够长，让空气尽可能多地进入到奶油中。当泡沫膨胀起来并且能够粘在搅拌头上时，立刻停止搅打。把打好的香缇鲜奶油放入冰箱冷藏。

3　将巧克力冰激凌（不要冻得特别硬）分装入4个细长形的玻璃杯或敞口玻璃盏中，再加入适量香缇鲜奶油即可。

私房厨话

• 如果您买到的鲜奶油比较浓稠，应该先加入1~2勺冷牛奶，放入冰箱冷藏后再进行搅打。

• 制作列日式咖啡的方法：把咖啡冲好，倒入玻璃杯中，放入咖啡冰激凌或巧克力冰激凌，再在表面加上适量香缇鲜奶油。建议选取质量比较好的咖啡，而且要冲得比较浓。

都灵巧克力

❖制作难度：特别简单　❖料理花费：不太贵　❖制作时间：40分钟
❖冷藏时间：12小时　❖用餐人数：6人

500克无糖栗子酱
100克特醇黑巧克力
4克香草味砂糖
100克黄油（软化）

装饰配料（可不用）
核桃仁、榛子、糖粉、可可粉等

特殊用具
1个直径14～16厘米的圆形模具（或小号蛋糕模具）

1　把无糖栗子酱倒入大号平底锅，开小火加热，用木勺捣碎并不停搅拌以防止粘锅。

2　用刨丝器把特醇黑巧克力刨成屑。

3　把热栗子酱、巧克力屑和香草味砂糖用电动打蛋器搅拌成质地光滑的混合物。

4　待巧克力栗子酱变凉后，放入黄油并搅拌均匀。

5　将烤盘纸（或包黄油的纸）剪成与模具底部大小相同的形状，铺在模具底部，倒入巧克力栗子酱并把表面按平，盖上盖子，放入冰箱冷藏一夜。

6　次日取出，脱模并倒扣在盘中，揭下烤盘纸，用核桃仁、榛子、糖粉等装饰一下，也可以撒一些可可粉。

私房厨话
· 可搭配无糖奶油食用，这样栗子与巧克力的味道会显得更浓郁。

巧克力慕斯

❖制作难度：简单　❖料理花费：不太贵　❖制作时间：15分钟

❖冷藏时间：2~3小时　❖用餐人数：4人

125克特醇黑巧克力或苦巧克力（含可　　4个鸡蛋（或3个鸡蛋+1个蛋白）
可50%以上）　　　　　　　　　　　　　少许盐
1块核桃大小的黄油

1　把巧克力掰碎，和黄油一起放进小锅中，隔水加热，当巧克力熔
　　化时即离火并倒入大碗中。

2　分离蛋白和蛋黄，把蛋黄倒入巧克力中，用木勺使劲搅拌，不要
　　让蛋黄变熟。

3　蛋白中加盐，搅打成质地坚挺的蛋白霜。

4　先将少量蛋白霜加入到巧克力中并用木勺轻轻拌匀，待巧克力变
　　得软一些后，分2~3次加入余下的蛋白霜并拌匀。用这样的方法
　　可以最大程度地避免蛋白霜消泡。

5　把做好的巧克力慕斯倒入大杯中或分装入小杯，放入冰箱冷藏
　　2~3小时即可。

私房
厨话　　• 蛋白的温度不能太低，否则很难打发起来。

　　　　• 如果做好的巧克力慕斯底部有液体，说明蛋白霜质地不够
　　　　　坚挺，或者打发后没有及时加入巧克力而导致消泡。

巧克力女爵

❖制作难度: 简单　❖料理花费: 不太贵　❖制作时间: 20分钟
❖冷藏时间: 12小时　❖用餐人数: 4~6人

100克黄油（软化，切小块）
80克糖粉
2个鸡蛋
150克苦巧克力

特殊用具
1个深口蛋糕模具（比如夏洛特蛋糕模具）

1 把模具内部用黄油擦一遍，一定要把每一处都擦到；把糖粉筛一遍，去掉结块的部分；把蛋黄和蛋白分开。

2 把巧克力掰碎，放进小锅中隔水加热，当巧克力变得很软时，立刻放入黄油并拌匀；在黄油完全熔化前，把小锅从热水中取出，向锅中加入蛋黄和一半糖粉，搅拌均匀。

3 把蛋白在碗中打成蛋白霜。打到一半的时候加入余下的糖粉，继续搅打，直到泡沫变得非常坚挺，倒入黄油巧克力并慢慢拌匀，注意千万不要让蛋白霜消泡；将拌好的黄油巧克力倒入模具中，放入冰箱冷藏到次日。

4 把模具底部在热水中浸泡几秒钟；将餐刀的刀刃贴着模具内壁伸进去并转一圈，将巧克力倒扣入圆盘，重新放回冰箱冷藏，待食用时取出，可在表面撒上适量糖粉装饰。

私房
厨话
• 如果想让"女爵"更美，可以把猫舌饼竖着并排贴在脱模后的巧克力周围，系上一条丝带，打个蝴蝶结。
• 上桌时可配以英式奶油食用。

粗麦巧克力蛋糕

❖制作难度：特别简单 ❖料理花费：便宜
❖制作时间：3小时20分钟 ❖用餐人数：4人

500毫升牛奶
50克白糖
少许盐
50克巧克力（掰成块）
60克粗小麦粉
50克黄油

1个鸡蛋（打成蛋液）

特殊用具
1个直径16～18厘米的深口模具（比如
夏洛特蛋糕模具或舒芙蕾烤杯）

1 把牛奶、白糖、盐和巧克力都放入锅中，开火，煮开后撒入粗小
   麦粉，同时用木勺搅拌均匀，等再次沸腾后，继续煮10分钟左右。
   要不时搅动一下以避免粘锅。

2 关火后，在巧克力奶糊中加入黄油和蛋液，用力搅打几秒钟。

3 用冷水把模具冲一遍，倒入巧克力奶糊，待晾凉后放入冰箱冷藏3
   小时。脱模后即可食用。

私房
厨话

• 可以用葡萄干、西梅丁、糖渍橙皮或柠檬皮等代替巧克力。
• 也可用玉米粉代替粗小麦粉，味道略有不同，但也很好吃。
• 不要改变粗小麦粉和牛奶的比例，煮的时间也不要超过10
  分钟，这样做出的蛋糕才会松软可口。

225

巧克力泡芙

❖制作难度：不太简单　❖料理花费：不太贵

❖制作时间：1小时　❖用餐人数：4人

泡芙配料
1咖啡勺白砂糖
100克黄油（切小块）
125克面粉
4个鸡蛋
少许盐

巧克力酱配料
125克黑巧克力（或苦巧克力）
30克黄油

馅料
香草冰激凌

1　制作泡芙：锅中放入250毫升水、白砂糖、盐和黄油，开火加热，当黄油刚刚熔化时，立即关火，倒入全部面粉，拌匀后再开火，用木勺使劲搅拌，直到面团既不粘勺子也不粘锅时关火，逐个加入鸡蛋并用力搅打均匀。

2　烤箱预热到170℃。把烤盘用黄油擦一遍；将面团做成一个个小球放在烤盘上，小球之间要留出足够空隙；放入烤箱烤制20～25分钟。当小球膨胀起来而且表面变得足够硬时，取出晾凉。

3　制作巧克力酱：把巧克力掰成小碎块，放入小号平底锅中，开文火，待巧克力熔化后，加入黄油和2汤勺水，用木勺搅拌均匀即可。

4　把晾凉的泡芙切开，塞入香草冰激凌，放在大盘中或按客人人数分装入小盘，淋上巧克力酱即可上桌。

私房厨话
• 上桌时，也可以根据客人的口味淋上其他果酱。

巧克力小土豆

❖ 制作难度：特别简单　❖ 料理花费：不太贵　❖ 制作时间：20分钟

❖ 冷藏时间：12小时　❖ 可做：20块

1盒（500克）原味栗子酱　　　　　150克白砂糖
100克黄油　　　　　　　　　　　4克香草味砂糖
100克特醇黑巧克力　　　　　　　少许可可粉

1　如果黄油是储存在冰箱里的，需要提前取出，让它软化下来。

2　把栗子酱放入大号锅里，小火加热，不时用木勺搅拌以避免粘锅。

3　把特醇黑巧克力刨成屑。

4　栗子酱加热好之后，关火，加入巧克力屑、白砂糖和香草味砂糖，
　　用电动打蛋器搅拌均匀。

5　等巧克力栗子酱凉下来后，加入黄油，继续搅打均匀以避免结块。
　　放入冰箱冷藏到次日。

6　取出巧克力栗子酱，用中号勺子舀成一个个形状不规则的小球，
　　放入可可粉中滚一下，用针或牙签扎一些小洞，让它们看起来更
　　像土豆。放入冰箱冷藏保存，食用时取出即可。

焦糖巧克力

❖ 制作难度：特别简单 ❖ 料理花费：不太贵 ❖ 制作时间：15分钟

❖ 冷藏时间：30分钟 ❖ 可做：40 ~ 50块

100克调温型黑浓巧克力（掰碎）

100克白砂糖

100克蜂蜜

50克黄油

适量油

特殊用具

1个金属托盘（用防粘功能的蛋糕模具更好）

适量烤盘纸

适量棉花

1 在具有防粘功能的平底锅里放入调温型黑浓巧克力、白砂糖、蜂蜜和黄油，用小火加热大约10分钟，不时搅拌一下。

2 用浸过油的棉花把金属托盘或模具内壁擦一遍，倒入巧克力糖浆。

3 等大约30分钟，当巧克力糖浆变成柔软的片状时，从模具上揭下来。可借助一把圆形刀尖的餐刀或防粘型抹刀来分离。

4 把巧克力糖片放在平板上，用大号刀划出较深的分割线；等巧克力糖片变硬后，沿分割痕迹切开。

5 把烤盘纸裁成尺寸合适（能包住巧克力糖片）的小片，把每片巧克力糖分别包起来，并把烤盘纸的边角拧合。

私房
厨话

• 强烈建议您使用防粘型厨具。

• 包糖片的时候不能用铝箔纸，否则会粘在糖片上。

巧克力软心蛋糕

❖ 制作难度：简单　❖ 料理花费：便宜　❖ 制作时间：1小时45分钟

❖ 冷藏时间：10～12小时　❖ 用餐人数：4～6人

100克黄油（软化）
3个鸡蛋
100克黑巧克力（或苦巧克力）
20克面粉
100克白砂糖

特殊用具
1个20厘米宽的具有防粘功能的心型蛋糕模具（直径16～18厘米的曼克蛋糕模具或舒芙蕾烤杯亦可）

1　把黄油分成小块；把蛋白和蛋黄分开；用黄油把模具内壁和底部擦一遍。

2　把黑巧克力（或苦巧克力）掰碎，放入碗中；把碗放入盛有水的中号锅里，开文火隔水加热。加热的过程不要去动它。当巧克力完全变软，用木勺搅拌均匀。关火后，放入蛋黄和一半黄油，与巧克力拌匀。

3　把余下的黄油和面粉在另一个碗中搅匀，把熔化的巧克力混合物倒入，搅拌一下。

4　烤箱预热到130℃。把蛋白打成蛋白霜。打到一半的时候，加入1汤勺白砂糖。当蛋白霜质地变得坚挺后，加入余下的白砂糖，继续搅打，直到蛋白霜微微发亮。

5　用抹刀慢慢地把蛋白霜与巧克力面团混合起来，倒入擦过黄油的模具中。把模具放到加入少量水的烤盘上，放入烤箱烤制1小时15分钟。烤好后取出晾凉并脱模，放入冰箱冷藏一夜。

沙巴王后蛋糕

❖制作难度：有点难 ❖料理花费：不太贵

❖制作时间：1小时 ❖用餐人数：4人

125克苦巧克力
80克面粉
125克白糖
125克黄油（软化）
3个鸡蛋（分离蛋黄和蛋白）
少许盐

香缇鲜奶油配料
150毫升鲜奶油
7.5克香草味砂糖

特殊用具
1个直径18厘米的中间有洞的蛋糕模具

1 把苦巧克力刨成碎屑，和面粉、白糖、黄油以及蛋黄一起放入大
   碗中，揉成面团。

2 蛋白中加入盐，打发成质地坚挺的蛋白霜，慢慢地加入面团中。

3 烤箱预热到170℃。将模具内壁用黄油擦一遍；把面团在模具中
   铺好，放入烤箱烤制25分钟左右；烤好后，把蛋糕脱模并放在网
   架上晾凉。

4 制作香缇鲜奶油：将陶瓷皿在冷冻室里冻几小时后取出，放入鲜
   奶油，把电动搅拌机开到低挡，慢慢搅打（当然也可以手动搅打，
   一定要耐心且动作缓慢），让奶油中混入尽量多的空气；当奶油的
   质地变得比较坚挺时，加入香草味砂糖，继续搅打；一旦奶油已
   变成质地蓬松的泡沫而且可以粘在搅拌头上时，立刻停止搅打。
   把打好的香缇鲜奶油放入冰箱冷藏。

5 把晾凉的蛋糕放在盘中，将香缇鲜奶油盛入中间的洞即可上桌。

私房
厨话
• 刚烤好的蛋糕最好放在网架上晾凉，这样热气会从上面散
  掉，从而避免蛋糕变得潮乎乎的。

热巧克力

❖制作难度：简单　❖料理花费：便宜

❖制作时间：25分钟　❖用餐人数：4人

1根香草荚
130克黑巧克力
450毫升全脂牛奶

250毫升鲜奶油
4咖啡勺白砂糖

1　用小刀沿着香草荚的纵向剖开，把黑色种子抠下来备用；把黑巧克力掰成小块。

2　在大号平底锅中放入巧克力块、全脂牛奶、鲜奶油、白砂糖和香草种子，用微火煮开，然后关火，盖上锅盖闷15分钟。

3　闷的过程中不时搅拌一下，让巧克力完全熔化。趁热饮用。

私房
厨话

• 把巧克力先用料理机打碎后再来制作，会产生更多的泡沫。
• 如果喜欢稍苦的味道，可在最后撒些可可粉。

巧克力大理石蛋糕

❖ 制作难度：简单　❖ 料理花费：便宜
❖ 制作时间：1小时　❖ 用餐人数：4人

4个鸡蛋（分离蛋黄和蛋白）
200克白砂糖
200克黄油
200克面粉
100克巧克力

少许盐

特殊用具
1个直径22~24厘米的蛋糕模具（圆形
或长方形均可）

1　在蛋黄中加入白砂糖，搅打均匀后加入面粉和黄油（可先把黄油
　　在火上或微波炉中稍微加热一下），拌匀成面糊。

2　蛋白中加少许盐，打发成质地坚挺的蛋白霜，和面糊混合均匀；
　　将面糊分装入两个大碗。

3　烤箱预热到180℃。把模具内壁用黄油擦一遍。

4　把巧克力掰碎，放入小锅中，隔水加热使其熔化，倒入其中一个
　　装面糊的碗里，用木勺搅匀。

5　把巧克力面糊和白色面糊交错从较高的地方倒入模具，让它们不
　　均匀地混合在一起，从而形成大理石般的花纹。

6　放入烤箱烤20分钟左右，待面糊膨胀起来后，把温度降低到
　　150℃，继续烤25分钟左右。

7　烤好后取出，倒扣在网架上，待完全冷却后食用。

巧克力蛋糕

❖制作难度：简单 ❖料理花费：不太贵 ❖制作时间：1.5小时
❖冷藏时间：12小时 ❖用餐人数：4～6人

125克黑巧克力（或苦巧克力）
125克黄油
2个鸡蛋
2汤勺甜烧酒
40克面粉
1块榛子大小的黄油

100克白糖
适量糖粉（装饰用）

特殊用具
1个小号夏洛特蛋糕模具（或直径16厘米的舒芙蕾烤杯）

1 把黑巧克力（或苦巧克力）掰成碎块，黄油切成小块；把鸡蛋的蛋白和蛋黄分开。

2 在中号锅里倒入100毫升水，加入白糖，开火煮沸，然后关火，加入黑巧克力碎块，用木勺搅拌；待黑巧克力全部熔化后放入黄油，趁热拌匀并加入甜烧酒（如果巧克力已经变凉，可把锅放入盛有热水的大锅中隔水加热片刻）。把烤箱预热到130℃。

3 在大碗中放入面粉和蛋黄，用木勺搅成面团；把拌好的黄油巧克力倒入，用力揉匀。

4 把蛋白搅打成质地坚挺的蛋白霜，加到面团中。

5 将模具内壁用黄油擦一遍，放入面团，再把模具放在加有少量水的烤盘上，放入烤箱烤制60～75分钟；烤好后取出晾凉并脱模，冷藏12小时再食用，食用前可在表面撒些糖粉装饰。